AI短视频从入门到精通100例

木白 编著

北京大学出版社
PEKING UNIVERSITY PRESS

内 容 提 要

本书内容分为工具软件和实战案例两条线进行讲解。

一是工具软件线：书中介绍了 20 种热门的 AI 工具，包括 Kimi、文心一言、智谱清言、秘塔写作猫、ChatGPT、剪映 App、豆包 App、通义 App、美图秀秀 App、文心一格、Dreamina、造梦日记、Midjourney、必剪 App、不咕剪辑、一帧秒创、Pika、Runway、腾讯智影和剪映电脑版，读者学习本书后，可以掌握多种工具的使用技巧。

二是实战案例线：全书共 12 章内容，讲解了 100 个 AI 短视频制作的相关案例，包括文案素材准备、图片素材准备、视频素材准备，以及使用文案、图片、模板、视频、数字人制作 AI 短视频的方法，还介绍了 AI 短视频的视频画面剪辑处理、音频内容剪辑处理，以及热门卡点短视频的制作和电商带货短视频的制作等。

本书既适合 AI 短视频制作的初学者阅读，也适合想学习多个 AI 短视频工具的读者阅读，同时可以作为学校相关专业教材使用。

图书在版编目（CIP）数据

AI 短视频从入门到精通 100 例 / 木白编著 . -- 北京 : 北京大学出版社，2025. 3. -- ISBN 978-7-301-35807-8

Ⅰ. TN948.4-39

中国国家版本馆 CIP 数据核字第 20256NZ679 号

书　　名　AI 短视频从入门到精通 100 例
　　　　　　AI DUANSHIPIN CONG RUMEN DAO JINGTONG 100 LI
著作责任者　木　白　编著
责 任 编 辑　刘　云　刘羽昭
标 准 书 号　ISBN 978-7-301-35807-8
出 版 发 行　北京大学出版社
地　　址　北京市海淀区成府路 205 号　100871
网　　址　http://www.pup.cn　新浪微博：@ 北京大学出版社
电 子 邮 箱　编辑部 pup7@pup.cn　总编室 zpup@pup.cn
电　　话　邮购部 010-62752015　发行部 010-62750672　编辑部 010-62570390
印 刷 者　北京宏伟双华印刷有限公司
经 销 者　新华书店
　　　　　　787 毫米 ×1092 毫米　16 开本　13.5 印张　368 千字
　　　　　　2025 年 3 月第 1 版　2025 年 3 月第 1 次印刷
印　　数　1-4000 册
定　　价　89.00 元

未经许可，不得以任何方式复制或抄袭本书之部分或全部内容。

版权所有，侵权必究

举报电话：010-62752024　电子邮箱：fd@pup.cn

图书如有印装质量问题，请与出版部联系，电话：010-62756370

前 言

本书简介

在数字时代的浪潮中，短视频以其独特的魅力迅速崛起，成为信息传播的重要载体。本书旨在引领读者踏入 AI 短视频的奇妙世界，通过 100 个实战案例与众多工具的深度融合，让零基础的读者逐步掌握 AI 短视频制作的精髓。无论是 AI 短视频制作的新手还是渴望提升制作技巧的资深用户，都能在本书中找到所需要的知识和灵感。

案例丰富：本书精选了 100 个案例，从素材准备到 AI 短视频制作，再到 AI 短视频的剪辑处理，涵盖了 AI 短视频制作的各个环节，让读者能够通过具体案例学习并掌握 AI 短视频制作的实操技能。

工具介绍：书中不仅介绍了 AI 在短视频制作中的应用，还详细讲解了多款实用的工具，能够帮助读者更好地利用这些工具来提升 AI 短视频的制作效率和质量。

内容系统全面：本书从 AI 短视频的基础知识入手，逐步深入到 AI 短视频制作的各个环节，既适合 AI 短视频制作的新手，也适合希望提升制作技巧的资深用户。

注重实用性：本书强调实用性，旨在帮助读者快速掌握 AI 短视频制作的技能和方法，并应用于实际创作中。书中的案例和技巧都经过精心挑选和验证，具有很强的可操作性和实用性。

本书特色

- 12 章专题内容讲解：本书结构完整，由浅入深地对 AI 短视频的基础知识和制作技巧进行了全面细致的讲解，帮助读者快速掌握 AI 短视频的核心知识。
- 100 个干货知识放送：本书侧重实用性，读者借助书中的干货知识可以逐步掌握 AI 短视频制作的核心内容，从新手快速成长为 AI 短视频制作高手。
- 130 + 分钟视频教程：本书的案例全部录制成带语音讲解的视频教程，重现书中所有的制作技巧，读者既可以结合本书观看视频教程，也可以独立观看视频教程，像看电影一样学习，让整个学习过程既轻松又高效。
- 500 多张图片详解：本书配有 500 多张图片，对 AI 短视频的制作进行全流程式的图解，通过大量的辅助图片，让课程内容变得更加通俗易懂，读者可以借助图片，快速领会制作技巧，大大提高学习效率。

资源获取

如果读者需要获取书中案例的素材、提示词、效果和视频，请使用微信“扫一扫”功能扫描下方二维码，输入本书 77 页的资源下载码，获取下载地址及密码。

版本说明

本书涉及的各种软件和工具，文心一言为文心大模型 3.5 版本，智谱清言为 GLM-4 版本，ChatGPT 为 3.5 版本，剪映 App 为 13.9.0 版本，豆包 App 为 4.8 版本，通义 App 为 3.1.0 版本，美图秀秀 App 为 10.11.0 版本，Midjourney 为 6.0 版本，必剪 App 为 2.60.1 版本，不咕剪辑 App 为 2.1.503 版本，剪映电脑版为 5.8.0 版本，其他软件和工具均为图书编写时官方推出的最新版本。

随着技术的发展和功能的不断完善，各种软件和工具的功能及界面可能发生变化，读者在学习时，根据书中讲解的思路举一反三即可。

提醒：即使使用相同的提示词和素材，软件和工具每次生成的效果也会有所差别，这是软件和工具基于算法与算力得出的新结果，因此读者操作时生成的内容可能会与书中案例的效果存在差别。

本书编者

本书由木白编著，参与编写的人员还有高彪等。由于技术发展迅速，书中难免存在疏漏与不足之处，欢迎广大读者批评和指正。

目　录

AI短视频素材准备

AI短视频内容制作

AI短视频素材准备

第 1 章　AI 短视频的文案素材准备

在用文案生成 AI 短视频时，我们需要提前准备好文案素材。如果觉得某些文案比较难写，或者自己写难以获得满意的效果，我们可以通过输入提示词，利用 AI 工具进行写作。本章将为大家介绍常用的 AI 文案生成工具和 AI 文案生成的操作技巧。

1.1 常用的AI文案生成工具

在生成 AI 短视频时，我们需要先生成对应的文案，做好文案素材的准备，这可能需要用到 AI 文案生成工具，本节就来介绍几种常用的 AI 文案生成工具。

实例 1 使用 Kimi 生成文案

Kimi 是一款基于人工智能的工具，旨在提供智能化的解决方案来提高工作效率和改善用户体验。它使用的自然语言处理、机器学习和自动化技术，可以实现自动化任务、智能建议和个性化服务，以帮助用户更高效地完成工作任务和提升工作效率。使用 Kimi 生成 AI 短视频文案的方法如下。

步骤 01 在浏览器中打开搜索引擎（如 360 搜索），在输入框中输入“Kimi.ai”，单击“搜索”按钮，如图 1-1 所示。

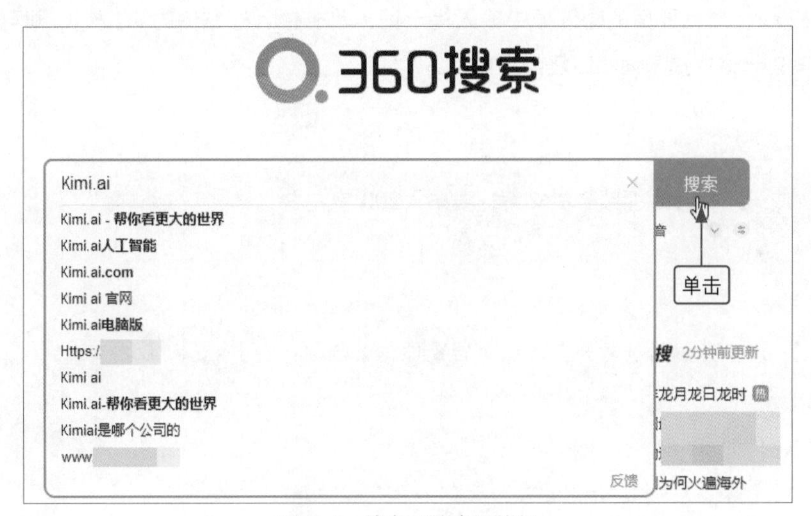

图 1-1 单击“搜索”按钮

步骤 02 在搜索结果中，单击 Kimi 官网的链接，如图 1-2 所示。

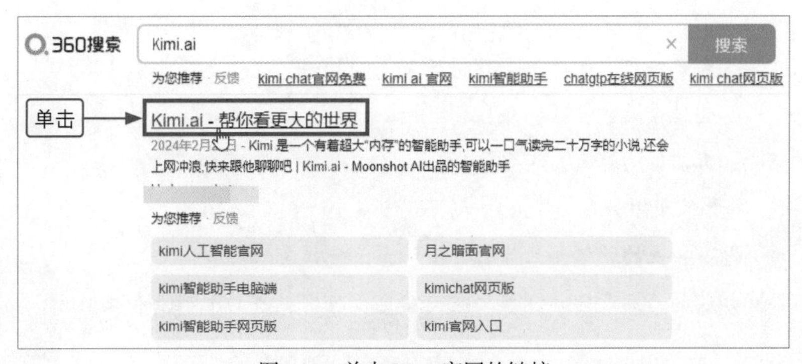

图 1-2 单击 Kimi 官网的链接

步骤 03 登录后，即可进入 Kimi 的对话界面，如图 1-3 所示。

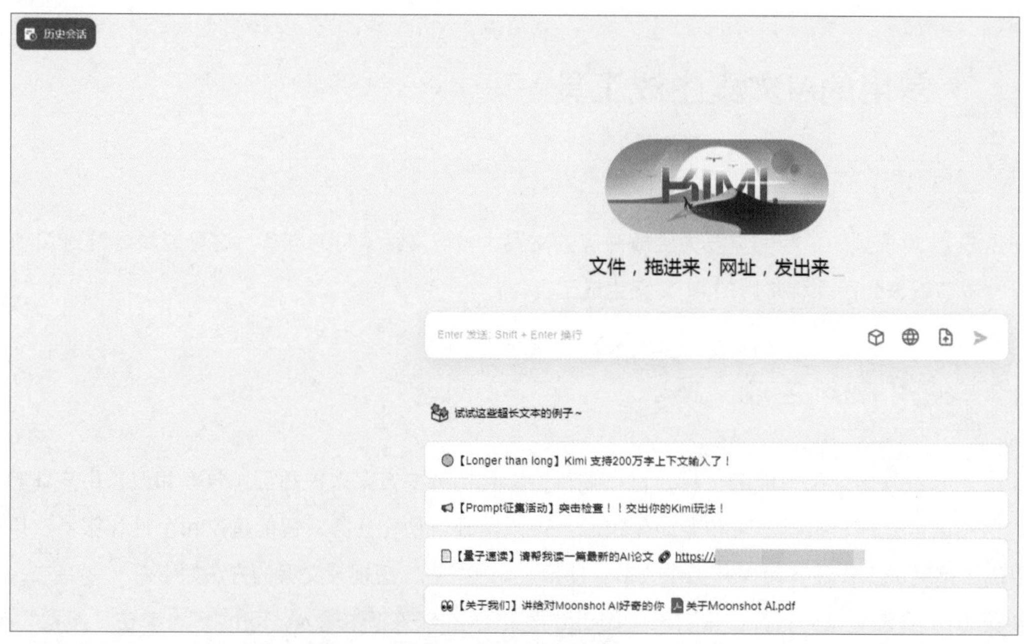

图 1-3　Kimi 的对话界面

步骤 04 在 Kimi 对话界面的输入框中输入提示词，单击输入框右侧的 ➤ 按钮，即可生成相关的文案，具体的提示词和回复内容如下。

提问

请为我生成一篇抖音短视频带货文案，要求：200 字左右

Kimi

当然可以，以下是一篇针对抖音短视频的带货文案示例：

【限时抢购】

春天来了，你的衣橱更新了吗?

穿上我们的「春日系列」，让你的每一天都如春日般明媚！

多彩印花 T 恤，舒适亲肤，时尚百搭，轻松驾驭各种场合！

搭配我们的「轻盈裤装」，轻盈透气，让你在春日里自由奔跑！

别忘了，配上我们精选的「春日彩妆」，让你的妆容清新自然，焕发光彩！

现在下单，享受春日特惠，还有机会获得精美小礼物哦！

活动仅限今天，错过今天，再等一年！

点击下方链接，开启你的春日时尚之旅！

[立即购买，享受春日特惠]

BGM: 春日序曲 – 轻快的旋律，让你的心情和春天一样美好！

记得根据实际销售的产品和活动调整文案内容，以确保信息的准确性和吸引力。

大多数 AI 工具生成的内容具有一定的随机性，即便使用相同的提示词，生成的内容也会有一些差异。用户在用 Kimi 等工具生成文案时，可以先使用相同的提示词多次生成内容，然后选择其中相对合适的内容作为 AI 短视频的文案素材备用。

实例 2　使用文心一言生成文案

文心一言是百度研发的知识增强大语言模型，能够与人对话互动、回答问题、协助创作，高效便捷地帮助我们获取信息、知识和灵感。使用文心一言生成 AI 短视频文案的具体方法如下。

步骤 01　在浏览器中打开搜索引擎（如 360 搜索），在输入框中输入“文心一言”，单击“搜索”按钮，在搜索结果中，单击文心一言官网的链接，如图 1-4 所示。

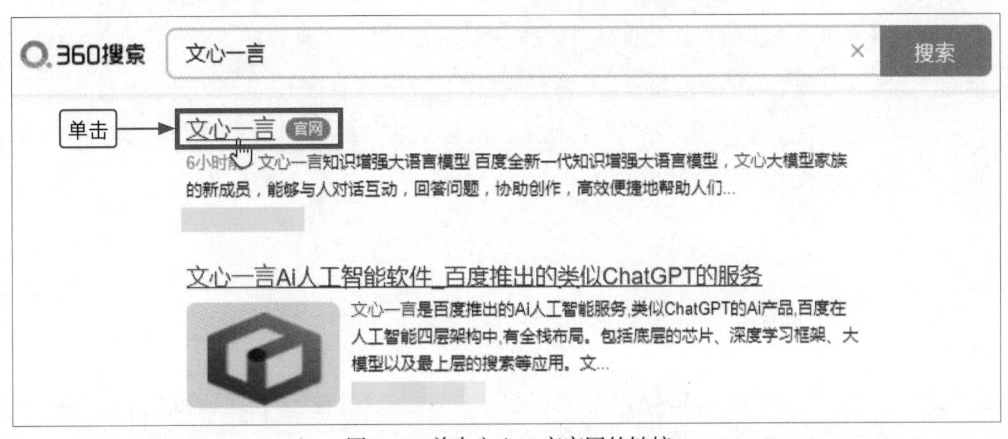

图 1-4　单击文心一言官网的链接

步骤 02　登录后，即可进入文心一言的对话界面，如图 1-5 所示。

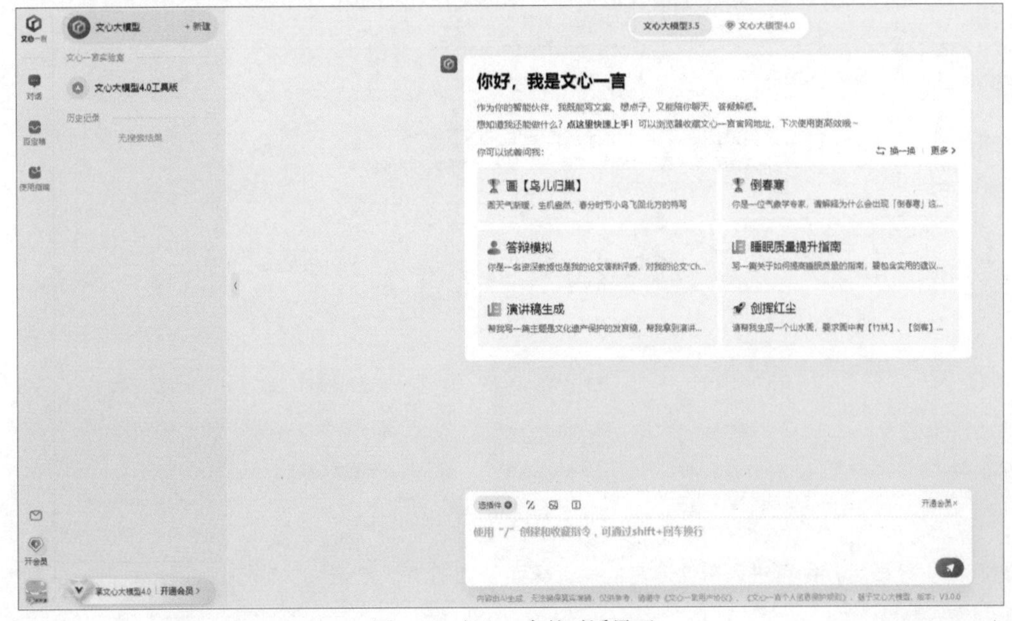

图 1-5　文心一言的对话界面

步骤 03 在文心一言对话界面下方的输入框中输入提示词，单击输入框右侧的按钮，即可生成相关的文案，具体的提示词和回复内容如下。

提问

请为我生成一篇快手短视频带货文案，要求：300 字左右

文心一言

【快手短视频带货文案】
大家好，欢迎来到今天的快手直播间！今天我为大家推荐一款超级火爆的产品——多功能榨汁机。这款榨汁机不仅外观时尚，而且功能强大，能够轻松榨出各种新鲜果汁，让你每天都能享受到健康美味的饮品。无论是早餐还是下午茶，一杯鲜榨果汁都能让你元气满满，充满活力。
现在购买还有限时优惠哦！我们提供了多种套餐选择，满足不同需求。快来下单吧，让这款多功能榨汁机成为你家庭中的必备神器，为你和家人带来健康与快乐！
记得关注我们的快手号，每天都有新品推荐和优惠活动等你来参与。让我们一起享受购物的乐趣，发现更多好物吧！

实例 3　使用智谱清言生成文案

智谱清言是一个基于人工智能技术的大语言模型，它可以进行自然语言理解和生成，能够应用于智能客服、智能问答、机器翻译、文本生成等领域。使用智谱清言生成 AI 短视频文案的方法如下。

步骤 01 在浏览器中打开搜索引擎（如 360 搜索），在输入框中输入“智谱清言”，单击“搜索”按钮，在搜索结果中，单击智谱清言官网的链接，如图 1-6 所示。

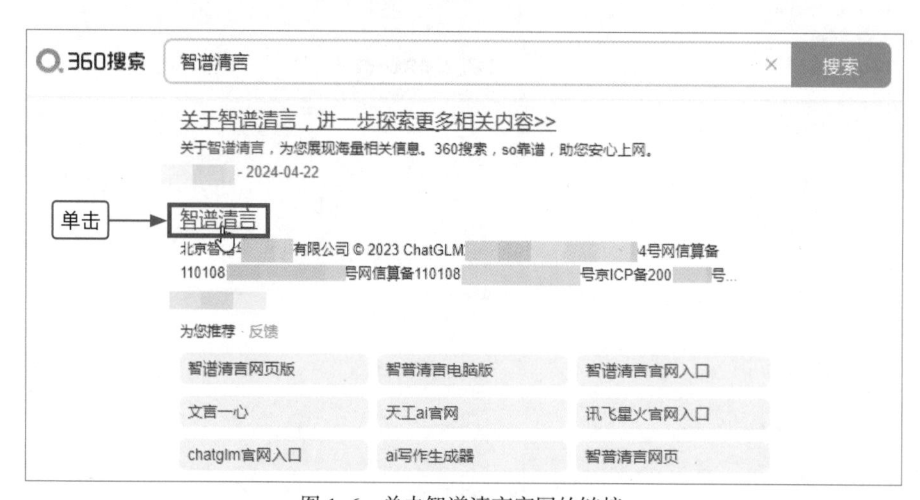

图 1-6　单击智谱清言官网的链接

步骤 02 登录后，即可进入智谱清言的对话界面，如图 1-7 所示。

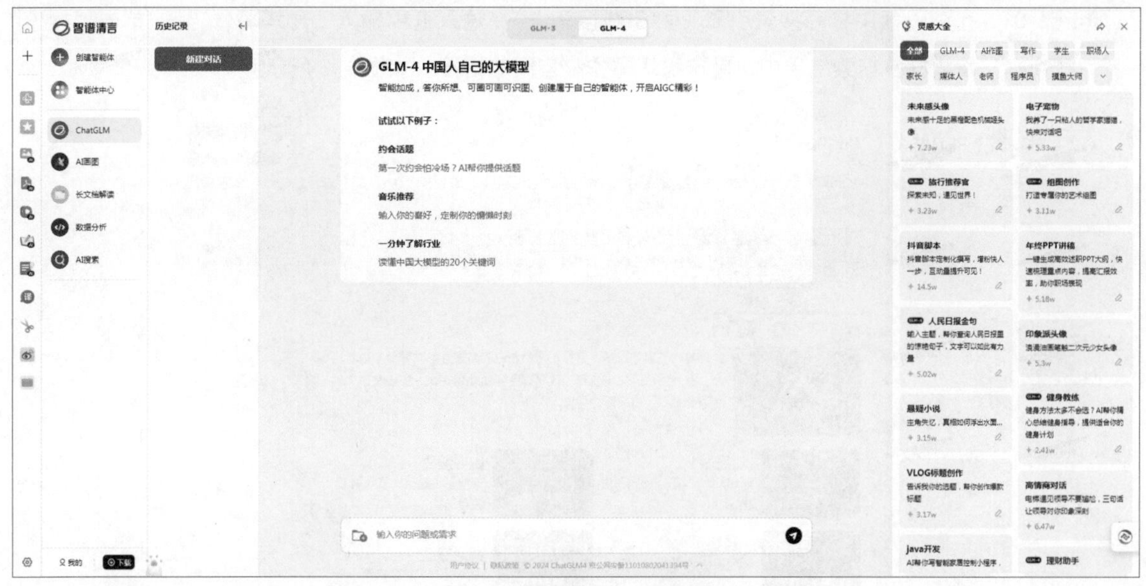

图 1–7　智谱清言的对话界面

步骤 03　在智谱清言对话界面下方的输入框中输入提示词，单击输入框右侧的◉按钮，即可生成相关的文案，具体的提示词和回复内容如下。

提问

> 请为我生成一篇小红书短视频带货文案，要求：300 字以内

智谱清言

> 亲爱的小伙伴们，今天给大家带来的是一款超级好用的神器——× × 品牌的多功能电煮锅！这款电煮锅真的是厨房必备，有了它，你就能轻松做出各种美食啦！
> 这款电煮锅容量超大，适合全家使用，而且操作简单，小白也能轻松上手哦！最重要的是，它不仅能够煮饭，还能煮面、煮粥、炖汤、蒸菜、煮火锅，一锅多用，完全满足你的各种需求！
> 而且，这款电煮锅采用了先进的防糊技术，煮出来的饭菜口感好，营养丰富，让你在家也能享受到五星级的美食体验！
> 亲们，这款电煮锅现在正在搞活动，优惠力度超大，快来抢购吧！错过这次机会可就没有这么大力度的优惠啦！
> 最后，别忘了关注我哦，我会为大家带来更多好用的神器！

实例 4　使用秘塔写作猫生成文案

秘塔写作猫是一款创意写作辅助工具，拥有主题生成、句子构建和故事情节梳理等功能，帮助用户激发灵感、解决写作难题，并提升写作效率。它包含各种创意启发工具和写作技巧，让用户在写作过程中得到专业的支持和指导。使用秘塔写作猫生成 AI 短视频文案的方法如下。

步骤 01 在浏览器中打开搜索引擎（如 360 搜索），在输入框中输入“秘塔写作猫”，单击“搜索”按钮，在搜索结果中，单击秘塔写作猫官网的链接，如图 1-8 所示。

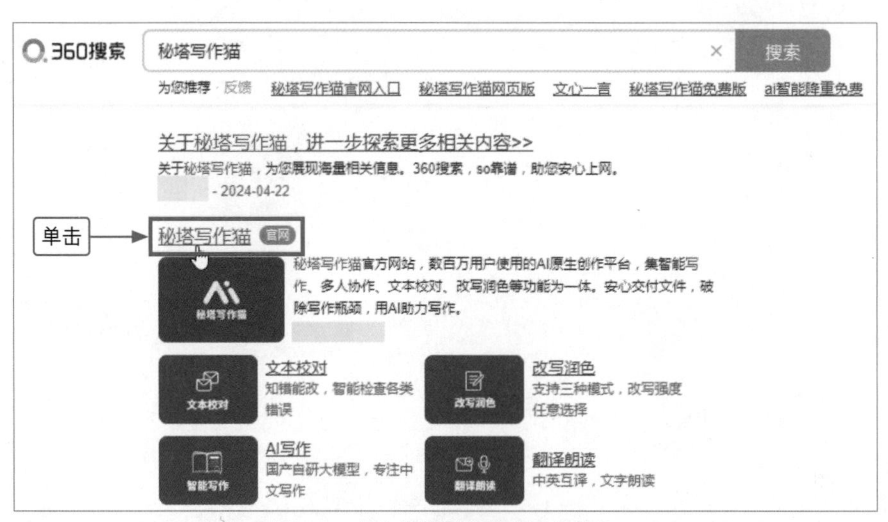

图 1-8　单击秘塔写作猫官网的链接

步骤 02 进入秘塔写作猫官网的默认界面，单击界面中的“AI 写作”按钮，如图 1-9 所示。

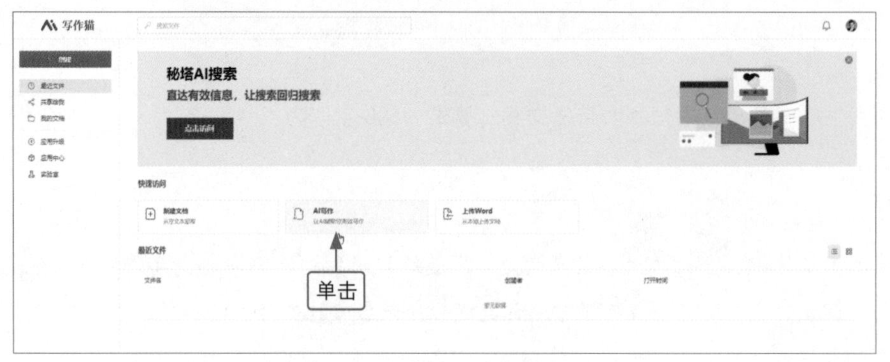

图 1-9　单击“AI 写作”按钮

步骤 03 登录后，进入秘塔写作猫的模板选择界面，单击“短视频文案”按钮，如图 1-10 所示。

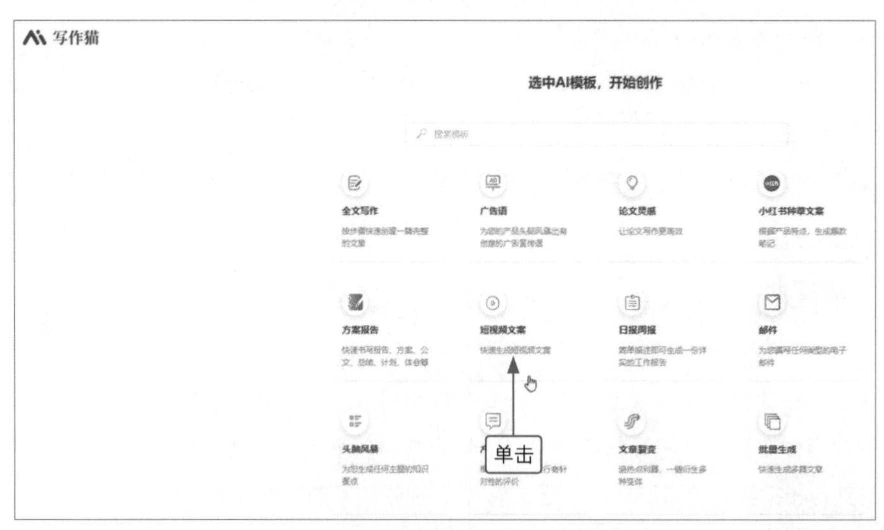

图 1-10　单击“短视频文案”按钮

步骤 04 进入秘塔写作猫的文案类型选择界面，根据需求选择文案的类型，如单击“单品文案”按钮，如图 1-11 所示，进行单品文案的创作。

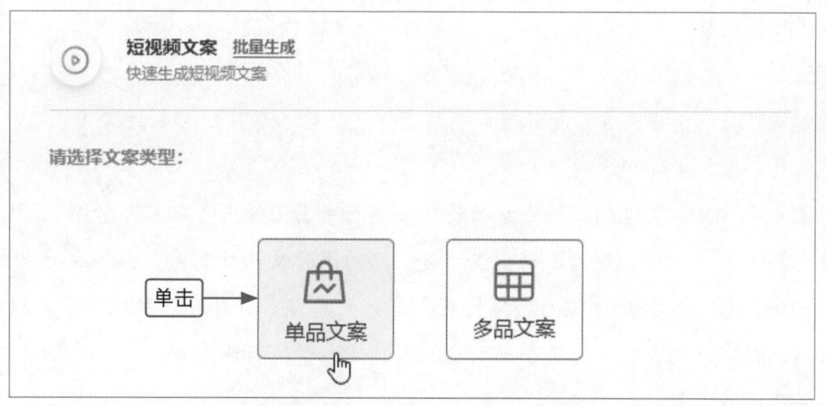

图 1-11　单击“单品文案”按钮

步骤 05 进入秘塔写作猫的文案内容设置界面，在该界面中设置文案的相关信息，单击“生成内容”按钮，如图 1-12 所示。

图 1-12　单击“生成内容”按钮

步骤 06 执行操作后，秘塔写作猫会根据设置的信息生成文案，具体如下。

AI 写作猫

嗨，大家好！今天我想跟大家聊一聊女士双肩包这个话题。现在越来越多的女性开始选择双肩包作为日常出行的伴侣，不仅因为它们轻便易携带，更是因为它们时尚又百搭，可以轻松地搭配各种衣服。
让我们来看看这些包包的外观设计。市面上有很多不同款式、颜色和材质的双肩包，总有一款会让你心动。不论是简约大气的纯色款式，还是带有印花或刺绣元素的个性款式，都能彰显出你独特的品位和风格。而且，现在很多品牌推出了可调节背带长度的双肩包，可以根据个人身高和体型进行调整，更加方便实用。

除了外观设计，女士双肩包的功能性也不容忽视。双肩包通常具备多个收纳空间，可以帮助你整理好随身物品，保持出行的整洁与有序。此外，一些双肩包还配有隐藏式口袋或独立拉链袋，可以放置耳机、移动电源等电子产品，为你的旅途增添便利。
说到舒适性，双肩包无疑是非常出色的。它的双肩背负系统采用人体工程学设计，可以有效分散重量，减轻肩部压力，长时间背起来也不会感到疲劳。而且，大多数双肩包还采用透气面料，在炎热的夏天也能保持舒适。
当然，最重要的是双肩包的实用性和性价比。现在市面上的女士双肩包价格范围很广，从几十元到几千元不等，质量和做工有着明显的差别。购买时要注意查看产品描述、用户评价及退换政策等信息，尽量选择口碑较好、售后服务完善的品牌。另外，如果你经常外出旅行或出差，不妨考虑选择容量更大、功能更全面的双肩包，比如带有行李箱固定带、电脑夹层等设计的款式，以满足你的需求。
总之，女士双肩包是一种既时尚又实用的出行伴侣。不管是日常通勤、短途旅行还是长途出差，它都能帮你解决携带物品的烦恼，让你的生活更加轻松愉快。快去挑选一款适合自己的女士双肩包吧，享受自由自在的出行体验！

实例 5　使用 ChatGPT 生成文案

ChatGPT 是一个基于人工智能的交互式语言模型，由 OpenAI 开发。它具有理解自然语言的能力，可以进行对话、回答问题、提供建议和创意等，旨在为用户提供多样化的交流体验和智能化的帮助。使用 ChatGPT 生成 AI 短视频文案的方法如下。

步骤 01 在浏览器中打开搜索引擎（如谷歌），在输入框中输入 ChatGPT，按【Enter】键确认，在搜索结果中，单击 ChatGPT 官网的链接，如图 1-13 所示。

图 1-13　单击 ChatGPT 官网的链接

步骤 02 进入 ChatGPT 官网并登录，即可进入 ChatGPT 的对话界面，如图 1-14 所示。

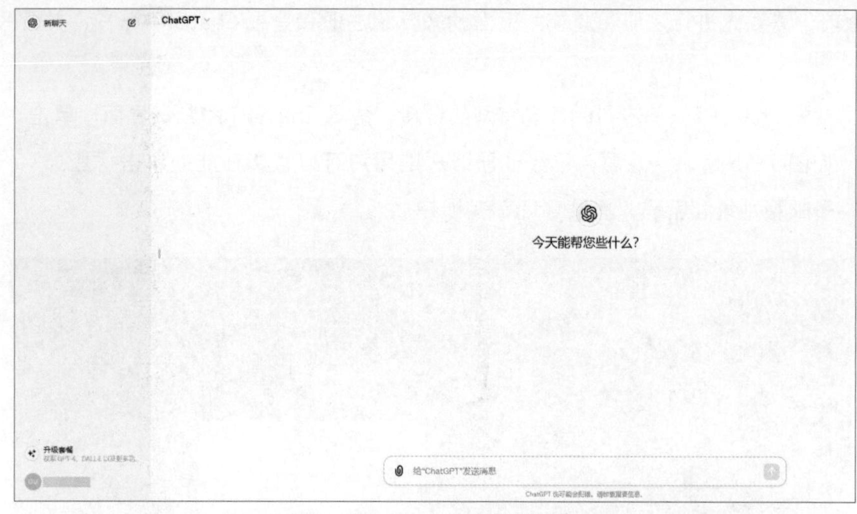

图 1-14　ChatGPT 的对话界面

步骤 03　在 ChatGPT 对话界面的输入框中输入提示词，单击输入框右侧的发送按钮或按【Enter】键，ChatGPT 即可根据要求生成相应的文案，具体的提示词和回复内容如下。

 **您**

请为我生成一篇微信视频号短视频带货文案，要求：200 字左右

ChatGPT

标题：发现美好生活，从细节开始！

正文：大家好，我是小编！今天要给大家介绍一款让生活更美好的小物件——星辰夜光手表！这款手表采用特殊的夜光材质，在白天是一款时尚的配饰，夜晚则能散发出迷人的光芒，犹如星辰闪烁，给你的生活增添一份浪漫与神秘。无论是约会、聚会还是户外探险，都能为你带来独特的魅力。现在就点击下单，让星辰夜光手表成为你生活中的闪亮之选吧！#时尚潮流##夜光手表##发现美好#【视频：手表在夜晚闪耀如星辰】

1.2 AI文案生成的操作技巧

在使用各种 AI 工具生成 AI 短视频的文案时，如果我们能掌握一些操作技巧，就可以又好又快地获得所需的文案素材。这一节就以 ChatGPT 为例，为大家讲解 AI 文案生成的操作技巧。

实例 6　分段输入提示词

在 ChatGPT 的输入框中输入提示词时，如果提示词比较多，可以对其进行分段、换行。当然，在使

用 ChatGPT 之前，需要先进行注册和登录。下面就来介绍注册和登录 ChatGPT 账户，并分段输入提示词的具体操作。

步骤 01 搜索 ChatGPT，单击 ChatGPT 官网的链接，进入 ChatGPT 的默认界面，单击“注册”按钮，如图 1-15 所示。注意，已经注册账户的用户可以直接在此处单击“登录”按钮，输入电子邮箱地址和密码，登录 ChatGPT 账户。

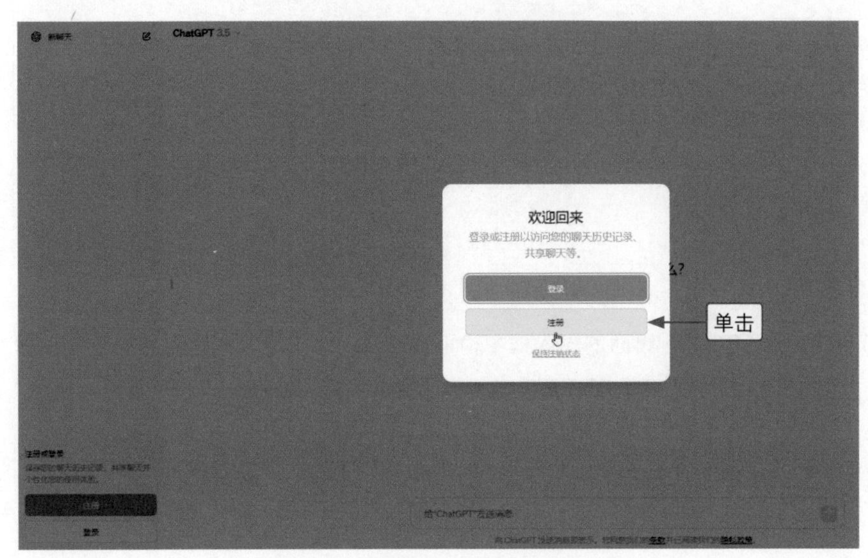

图 1-15 单击“注册”按钮

步骤 02 进入“创建账户”界面，输入电子邮箱地址，单击“继续”按钮，如图 1-16 所示。也可以直接使用谷歌或微软账户进行登录。

步骤 03 设置账户密码，单击“继续”按钮，如图 1-17 所示。ChatGPT 将对电子邮箱进行审核。电子邮箱通过审核后，系统会提示用户输入姓名并进行手机验证，按照要求进行操作即可完成注册，随后就可以登录并使用 ChatGPT 了。

图 1-16 单击“继续”按钮（1）

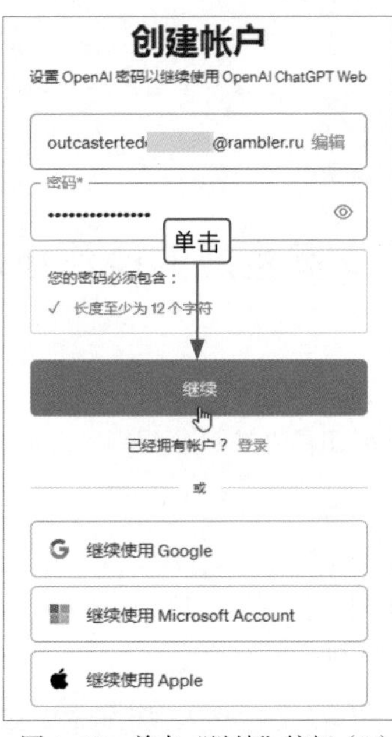

图 1-17 单击“继续”按钮（2）

温馨提示

账户注册成功之后，用户只需单击 ChatGPT 默认界面中的“登录”按钮，在弹出的对话框中输入账户和密码，即可登录 ChatGPT。

步骤 04 进入 ChatGPT 的对话界面，在输入框中输入第一行提示词，如“请为某款剃须刀编写一篇短视频文案”，如图 1-18 所示。

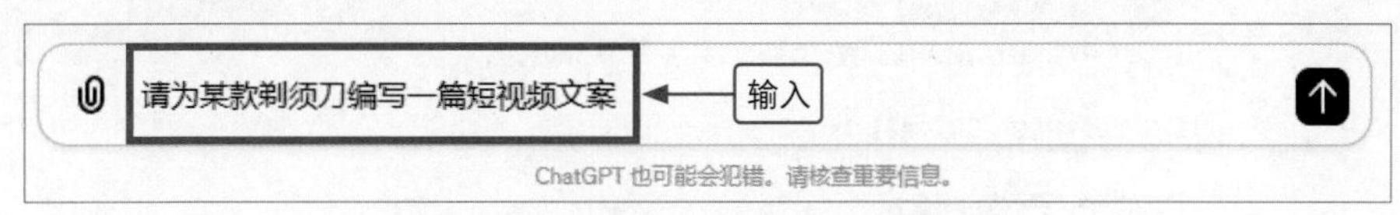

图 1-18　在输入框中输入第一行提示词

步骤 05 按【Shift + Enter】组合键换行，输入第二行提示词，如“要求：表达简洁易懂，体现出这款剃须刀的主要卖点”，如图 1-19 所示。

图 1-19　输入第二行提示词

步骤 06 按【Enter】键发送，ChatGPT 即可根据提示词给出回复，具体如下。

ChatGPT

[视频开场画面：浴室镜前，一名男子摩挲着胡须，犹豫着]

文字：纠结的胡须，瞬间解决

[视频切换，展示剃须刀的旋转刀头设计，男子开始剃须]

文字：旋转刀头，贴合脸部曲线，舒适剃须无死角

[视频切换，展示剃须刀的防水设计，男子在水下剃须]

文字：防水设计，水下舒适剃须，独享清爽体验

[视频切换，展示剃须刀的快速充电功能，男子插上充电器]

文字：快速充电，随时备战，无惧低电量烦恼

[视频结束画面：男子露出自信的微笑，剃须刀静静地摆放在洗漱台面上，品牌 Logo 出现]

文字：勇敢迎接每一天，从一抹清爽开始。# 自信新形象 #

实例 7　让 ChatGPT 重新生成回复

当用户对 ChatGPT 生成的回复不满意时，可以通过单击“重新生成”按钮让它重新生成回复，ChatGPT 会根据提示词更换表达方式、改变内容来重新给出回复，具体的操作步骤如下。

步骤 01 与 ChatGPT 进行一次对话后，单击回复内容下方的“重新生成”按钮，如图 1-20 所示。

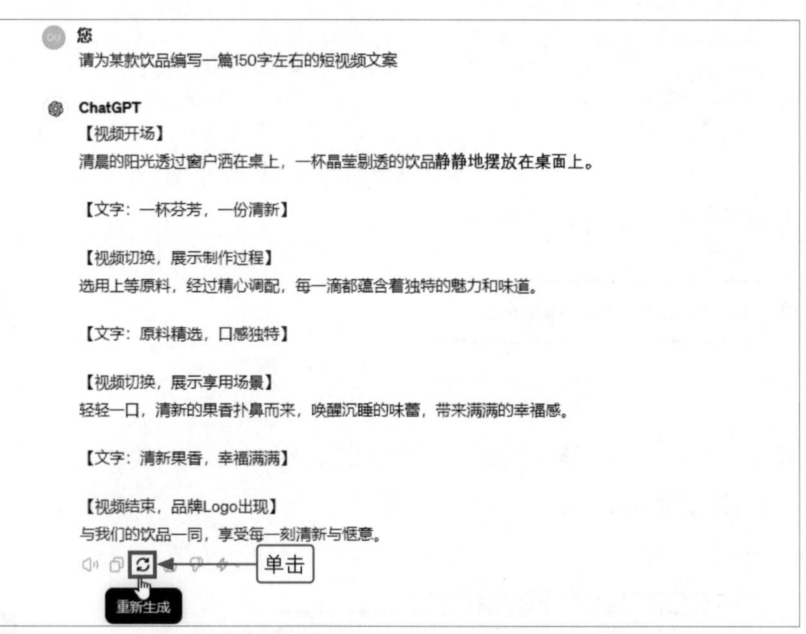

图 1-20　单击“重新生成”按钮

步骤 02　稍等片刻，ChatGPT 会重新生成回复，具体如下。

ChatGPT

【视频开场】

清新夏日，微风轻拂，一杯香气扑鼻的饮品摆在桌上，如一抹清风拂过。

【文字：夏日清爽，一杯解暑】

【视频切换，展示制作过程】

精选新鲜水果，搭配独特配方，匠心酿造，每一步都是对口感的呵护。

【文字：鲜果酿造，品味精彩】

【视频切换，展示享用场景】

轻盈的口感，清爽的果香，一口下去，仿佛置身于清凉的果园，心情倍感愉悦。

【文字：清爽享受，美味盛宴】

【视频结束，品牌 Logo 出现】

在这炎炎的夏日，让我们共享清凉，一起畅饮这独特饮品，感受夏日的美好。

ChatGPT 对同一个问题的第二次回复会显示“2/2”标记，若是第三次回复则会显示“3/3”标记，以此类推。用户通过单击“重新生成”按钮可以让 ChatGPT 对同一个问题进行多次回复，以获得更加满意的文案。

实例 8　复制 ChatGPT 的回复内容

在 ChatGPT 中生成回复内容之后，可以通过鼠标选择或单击按钮两种方法复制回复内容，这一节就来具体进行讲解。

1. 通过鼠标选择复制回复内容

用户使用 ChatGPT 生成回复内容之后，可以通过鼠标选择来复制回复内容，具体操作如下。

步骤 01 打开 ChatGPT 的对话界面，在输入框中输入提示词，按【Enter】键发送，ChatGPT 即可给出回复，具体如下。

您

请为我提供 10 个短视频带货文案的标题

ChatGPT

1. “品味人生：一杯香醇，一种享受”
2. “清新一夏：畅饮清凉，尽情释放”
3. “美味来袭：饮品新潮，舌尖上的享受”
4. “夏日清爽：一口解暑，一杯滋润”
5. “精选原料，酿造心意：饮品美味无边”
6. “健康生活，从饮品开始：清新口感，愉悦心情”
7. “独特口感，惊喜连连：畅享美好时光”
8. “一杯解渴，一份清爽：夏日必备饮品推荐”
9. “独具匠心，口感出众：饮品新宠，等你来品尝”
10. “醉美口感，尽在一杯：探寻饮品的独特魅力”

步骤 02 按住鼠标左键并移动鼠标，选择回复内容，单击鼠标右键，在弹出的快捷菜单中选择“复制”选项，如图 1-21 所示，即可复制 ChatGPT 回复的短视频带货文案标题。

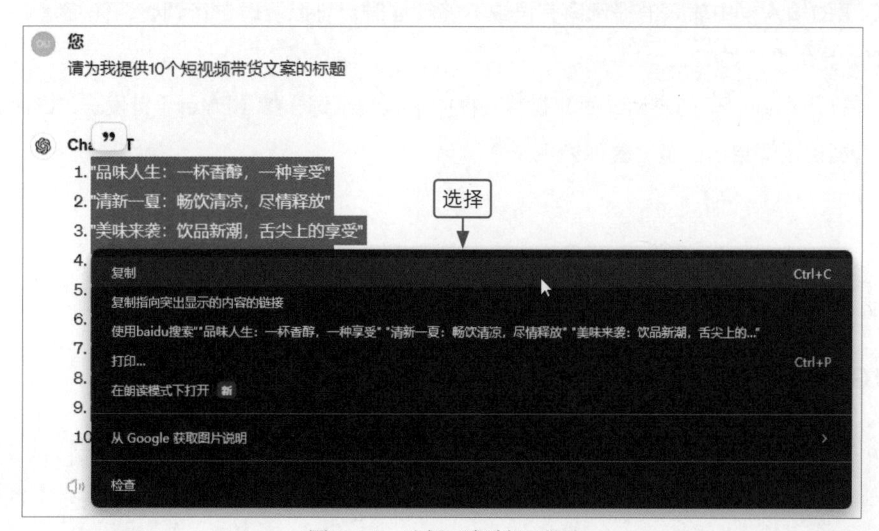

图 1-21 选择“复制”选项

用户可以将所复制的回复内容粘贴至记事本、Word 等软件和工具中，修改、保存备用。例如，复制回复内容之后，打开一个记事本，按【Ctrl + V】组合键，即可粘贴复制的回复内容。

2. 通过单击按钮复制回复内容

除了通过鼠标选择复制回复内容，用户还可以通过单击 ChatGPT 自带的按钮来复制回复内容。打开 ChatGPT 的对话界面，单击回复内容下方的“复制”按钮，如图 1-22 所示，即可复制相应回复内容。

图 1-22　单击回复内容下方的“复制”按钮

单击“复制”按钮之后，可以复制某次回复中的全部文字内容（有时数字序号无法复制）。

实例 9　对已发送的提示词进行调整

在 ChatGPT 的输入框中输入的提示词有误或不够精准时，可以及时进行调整，让 ChatGPT 重新根据要求生成回复，具体操作如下。

步骤 01　打开 ChatGPT 的对话界面，在输入框中输入提示词，按【Enter】键发送，ChatGPT 即可根据提示词给出回复，具体如下。

您

请为我提供一篇短视频文案，要求：对某款产品进行推荐

ChatGPT

【视频开场】

镜头聚焦在一个现代化的厨房里，桌上摆放着一款精致的咖啡机，犹如一位守护者，静静等待着新的挑战。

【文字：唤醒清晨，从一杯香浓的咖啡开始】

【视频切换，展示咖啡机操作过程】

只需简单几步，即可享受到浓郁香醇的咖啡，轻松操作，一杯好咖啡随时随地。

【文字：简单操作，享受品质】

【视频切换，展示咖啡机的特色功能】

高温萃取技术，保留咖啡豆的香味和营养，每一杯都是独一无二的味道。

【文字：品质保证，尽显专业】

【视频切换，展示品尝场景】

男女主人坐在厨房的吧台前，品尝着新磨的咖啡，笑容满面，享受美好时光。

【文字：咖啡时光，温馨分享】

【视频结束，品牌 Logo 出现】

每一杯咖啡，都是对生活的热爱和享受。选择我们的咖啡机，让每一天都充满美好。

步骤 02 在 ChatGPT 的对话界面中，单击已发送的提示词下方的按钮，如图 1-23 所示。

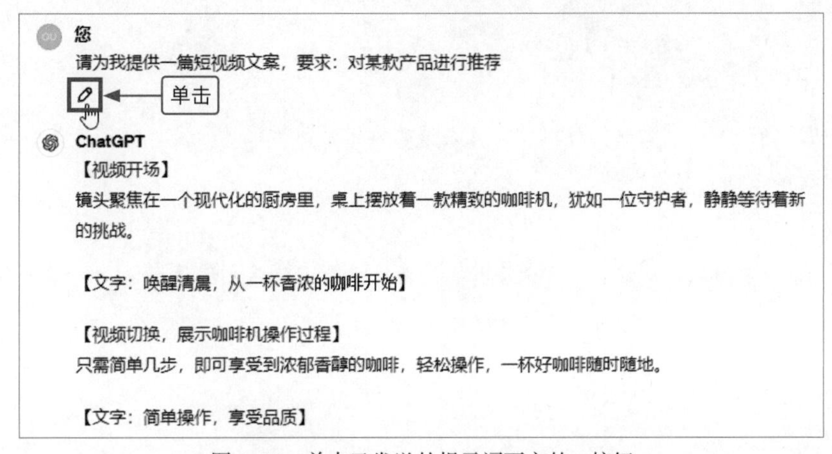

图 1-23　单击已发送的提示词下方的按钮

步骤 03 执行操作后，即可对提示词进行修改，如将“请为我提供一篇短视频文案，要求：对某款产品进行推荐”改为“请为我提供一篇抖音短视频文案，要求：对某款手表进行推荐”，单击“保存并提交”按钮，如图 1-24 所示。

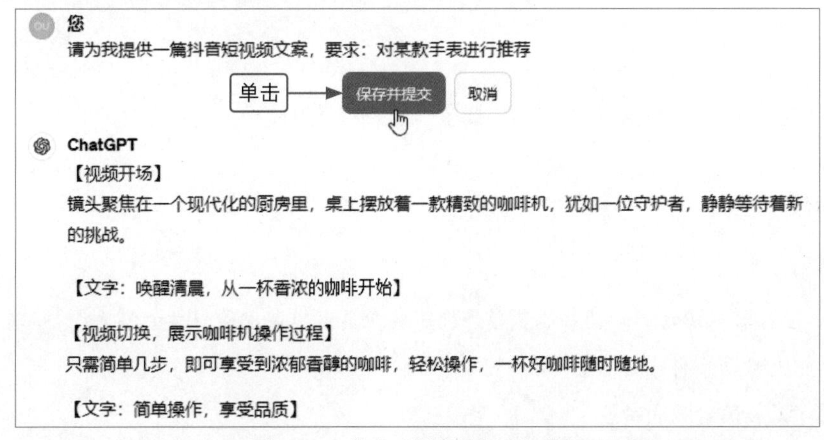

图 1-24　单击“保存并提交”按钮

如果不需要修改提示词了，可以单击“取消”按钮，取消提示词的修改。

步骤 04　执行操作后，ChatGPT 即可根据调整的提示词重新生成回复内容，具体如下。

您

请为我提供一篇抖音短视频文案，要求：对某款手表进行推荐

ChatGPT

【视频开场】

清晨的阳光透过窗户，投下温暖的光影，一款精美的手表静静地躺在桌上，时光在表盘上流淌。

【文字：光阴如梭，珍藏此刻】

【视频展示手表款式和细节】

精钢材质，简约设计，每一处都流露着品质与优雅，是时间的见证者，也是风格的象征。

【文字：精工细作，完美品质】

【视频切换，展示佩戴场景】

手腕上的配饰，不仅是时间的标记，更是品位的体现，戴上这款手表，细节之美尽显无遗。

【文字：时尚之选，彰显个性】

【视频结束，品牌 Logo 出现】

让时间定格精彩瞬间，从这一款手表开始，与时光共舞。# 时光珍藏 #

实例 10　将回复的内容翻译为英文

在用 Midjourney 等工具生成 AI 短视频的图片素材时，输入英文提示词可能更容易被系统理解。对此，用户可以先使用 ChatGPT 生成回复内容，然后将回复的内容翻译为英文，下面介绍具体的操作步骤。

步骤 01　打开 ChatGPT 的对话界面，在输入框中输入提示词，按【Enter】键发送，ChatGPT 即可根据提示词给出回复，具体如下。

您

请为我生成一篇抖音短视频带货文案，要求：重点对某款鼠标进行推荐

ChatGPT

【视频开场】

电脑前，手指轻轻滑动，一款智能鼠标静静地躺在桌上，散发着科技的魅力。

【文字：指尖舞动，科技新潮】

【视频展示鼠标的外观和功能】

无线连接，精准感应，轻松掌控每一个操作，给你畅快的电竞体验，让游戏更加精彩。

【文字：精准操控，畅享游戏乐趣】

【视频切换，展示鼠标的舒适握感】

符合人体工程学设计，握感舒适，长时间使用也不会感到疲劳，是你工作学习的得力助手。

【文字：舒适握感，轻松应对工作学习】

【视频结束，品牌 Logo 出现】

不只是一款鼠标，更是你电脑世界的指挥官，从此告别手忙脚乱，轻松掌控一切。# 科技助力 #

步骤 02 在输入框中输入提示词，让 ChatGPT 将以上回复内容翻译为英文，按【Enter】键发送，具体如下。

您

请将以上内容翻译为英文

ChatGPT

【Video Opening】In front of the computer, fingers glide gently. A smart mouse lies quietly on the desk, exuding the charm of technology.

【Text: Fingers Dance, Technology Trend】

【Show the appearance and functions of the mouse】Wireless connection, precise sensing, effortless control over every operation, giving you an exciting gaming experience, making games even more thrilling.

【Text: Precise Control, Enjoy Gaming】

【Switch to show the comfortable grip of the mouse】Ergonomically designed for comfortable grip, even long-term use won't cause fatigue. It's your reliable assistant for work and study.

【Text: Comfortable Grip, Easily Handle Work and Study】

【Video Ends, Brand Logo Appears】More than just a mouse, it's the commander of your computer world. Bid farewell to confusion and effortlessly take control of everything. #TechnologyBoost#

有时候，ChatGPT 生成的短视频文案内容会与脚本类似，此时是不宜直接将生成的回复内容作为提示词生成图片或视频的。对此，用户可以在 ChatGPT 回复内容的基础上进行一些调整，让它更符合自己的需求。

第 2 章 AI 短视频的图片素材准备

随着人工智能技术的发展，一些软件和工具开始提供 AI 绘画功能，用户可以通过这些软件和工具快速绘制图片，做好 AI 短视频的图片素材准备。本章将为大家介绍常用的 AI 图片生成工具和 AI 图片生成的操作技巧。

2.1 常用的AI图片生成工具

很多 AI 图片生成工具都有文生图功能，用户只需输入提示词，便可以快速生成图片。在制作 AI 短视频时，我们可以借助这些 AI 图片生成工具快速生成所需的图片素材。这一节就来介绍常用的 AI 图片生成工具。

效果展示 剪映 App 是一款功能非常全面的视频剪辑软件，目前剪映 App 中新增了"AI 作图"功能，为用户提供了生成图片的便捷方式，受到了广泛的好评。使用剪映 App 的"AI 作图"功能，只需要在输入框中输入关键词，即可生成图片，效果如图 2-1 所示。

实例 11　使用剪映 App 生成图片

图 2-1　使用剪映 App"AI 作图"功能生成的图片效果

使用剪映 App 的"AI 作图"功能生成图片的具体操作步骤如下。

步骤 01　点击手机桌面上的 App Store 图标，如图 2-2 所示。

步骤 02　进入应用商店后，点击界面下方的"搜索"按钮，如图 2-3 所示。

步骤 03　进入"搜索"界面，在搜索框中输入"剪映"，点击"搜索"按钮，如图 2-4 所示，搜索剪映 App。

图 2-2　点击 App Store 图标

图 2-3　点击"搜索"按钮（1）

图 2-4　点击"搜索"按钮（2）

步骤 04 手机将搜索并显示相关的 App，点击“剪映”右侧的按钮（如果未下载过该 App，此处会显示“获取”按钮），如图 2-5 所示，下载并安装剪映 App。

步骤 05 执行操作后，会显示剪映 App 的下载和安装进度，如图 2-6 所示。

步骤 06 剪映 App 下载安装完成后，按钮会变成“打开”按钮，点击“打开”按钮，如图 2-7 所示，打开剪映 App。

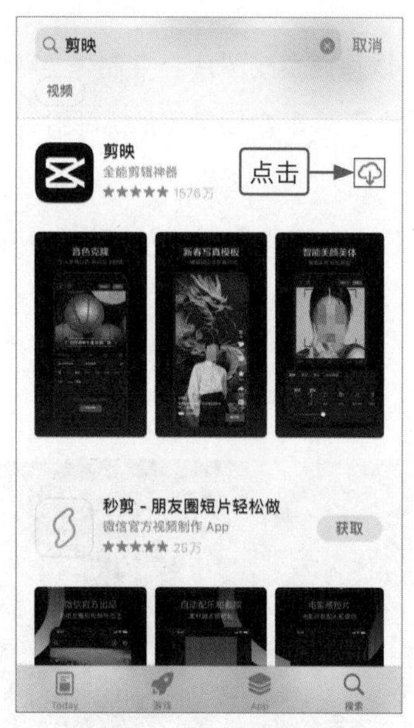

图 2-5 点击“剪映”右侧的按钮

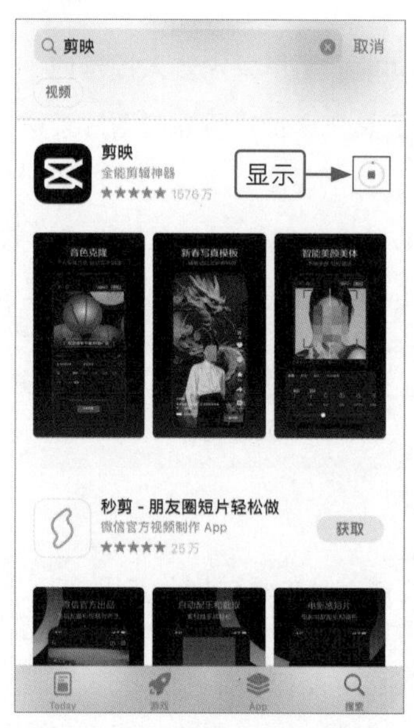

图 2-6 显示剪映 App 的下载和安装进度

图 2-7 点击“打开”按钮

步骤 07 进入剪映 App，弹出“个人信息保护指引”对话框，点击该对话框中的“同意”按钮，如图 2-8 所示。

步骤 08 在“剪辑”界面中，点击“AI 作图”按钮，如图 2-9 所示。

步骤 09 进入 AI 作图界面，弹出“提示”对话框，点击该对话框中的“同意”按钮，如图 2-10 所示。

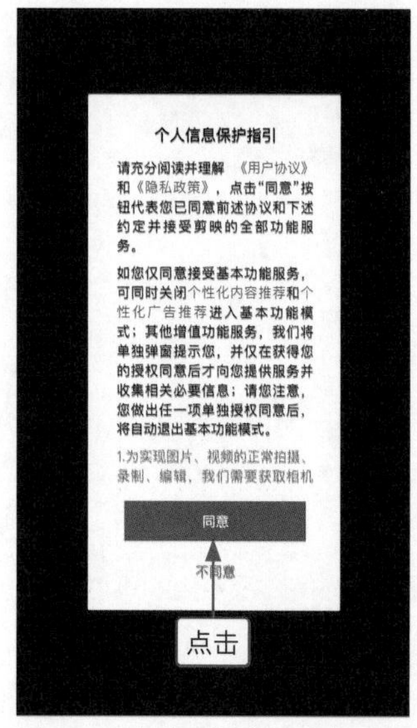

图 2-8 点击“同意”按钮（1）

图 2-9 点击“AI 作图”按钮

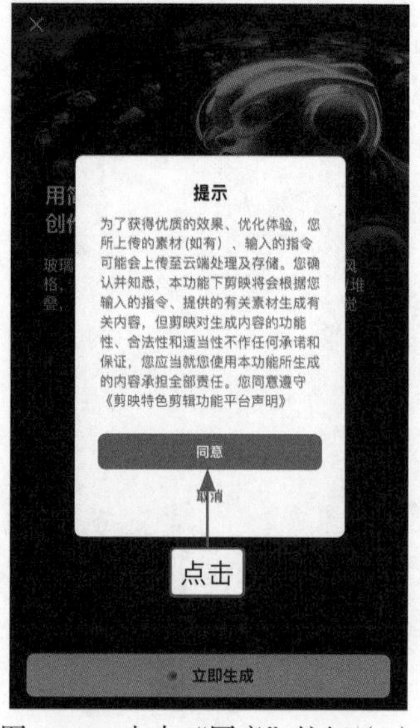

图 2-10 点击“同意”按钮（2）

步骤 10 AI 作图界面中描述了“用简单的文案创作精彩的图片”，点击界面中间的输入框，如图 2-11 所示。

步骤 11 在输入框中输入提示词，点击“立即生成”按钮，如图 2-12 所示。

步骤 12 执行操作后，进入“创作”界面，其中显示了刚生成的图片，选择第 2 张图片，点击下方的“超清图”按钮，如图 2-13 所示。

图 2-11 点击界面中间的输入框

图 2-12 点击“立即生成”按钮

图 2-13 点击“超清图”按钮

步骤 13 执行操作后，即可生成超高清图片，点击生成的图片，如图 2-14 所示。

步骤 14 进入相应界面，点击右上角的“导出”按钮，如图 2-15 所示，即可导出图片。

图 2-14 点击生成的图片

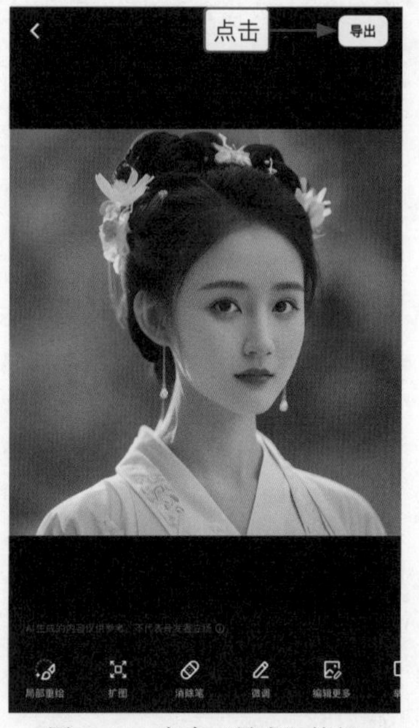

图 2-15 点击“导出”按钮

实例 12　使用豆包 App 生成图片

效果展示 豆包 App 作为字节跳动公司新推出的免费 AI 图片生成工具，融合了前沿的人工智能技术，以提供多样化的交互体验。打开豆包 App，在其中与“豆包”进行对话，输入提示词，即可生成想要的图片，效果如图 2-16 所示。

图 2-16　使用豆包 App 生成的图片效果

使用豆包 App 生成图片的具体操作步骤如下。

步骤 01 打开手机，进入应用商店的“搜索”界面，点击界面上方的搜索框，在搜索框中输入“豆包”，点击“搜索”按钮，如图 2-17 所示，搜索豆包 App。

步骤 02 手机将搜索并显示相关的 App，点击“豆包 - 抖音旗下 AI 智能助手”右侧的“获取”按钮，如图 2-18 所示，下载并安装豆包 App。

步骤 03 豆包 App 下载安装完成后，“获取”按钮会变成“打开”按钮，点击“打开”按钮，如图 2-19 所示。

图 2-17　点击“搜索”按钮

图 2-18　点击“获取”按钮

图 2-19　点击“打开”按钮

步骤 04 弹出“欢迎使用豆包”对话框，点击该对话框中的“同意”按钮，如图 2-20 所示。

步骤 05 进入相应界面，选中底部的“已阅读并同意豆包的服务协议和隐私政策”复选框，点击“抖音一键登录”按钮，如图 2-21 所示。

步骤 06 进入“抖音授权”界面，在该界面中输入手机号码和验证码，点击“一键授权”按钮，如图 2-22 所示，进行抖音授权。

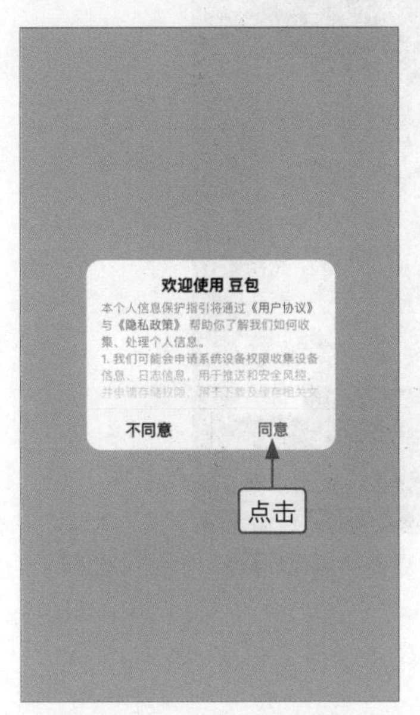

图 2-20　点击“同意”按钮

图 2-21　点击“抖音一键登录”按钮

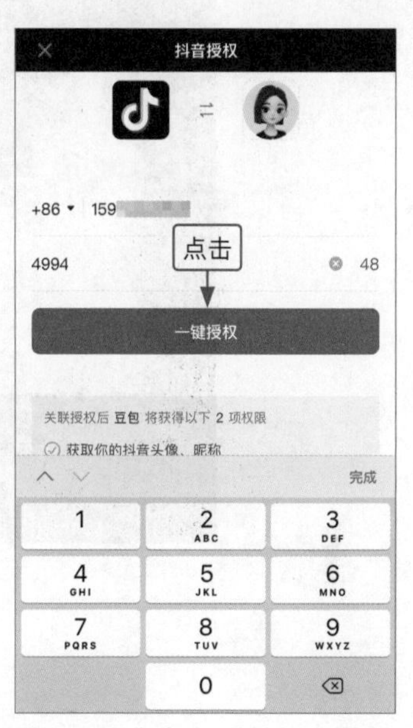

图 2-22　点击“一键授权”按钮

步骤 07 进入豆包的“对话”界面，其中显示了相关信息，点击界面下方的输入框，如图 2-23 所示。

步骤 08 在输入框中输入提示词，点击“发送”按钮，如图 2-24 所示，进行图片生成。

步骤 09 执行操作后，即可生成相应的图片，如图 2-25 所示。

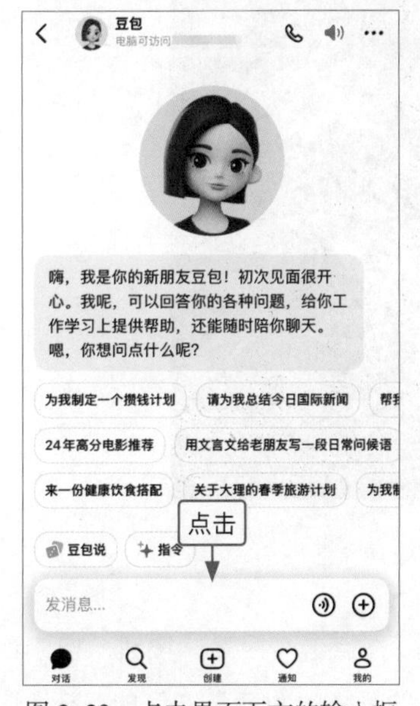

图 2-23　点击界面下方的输入框

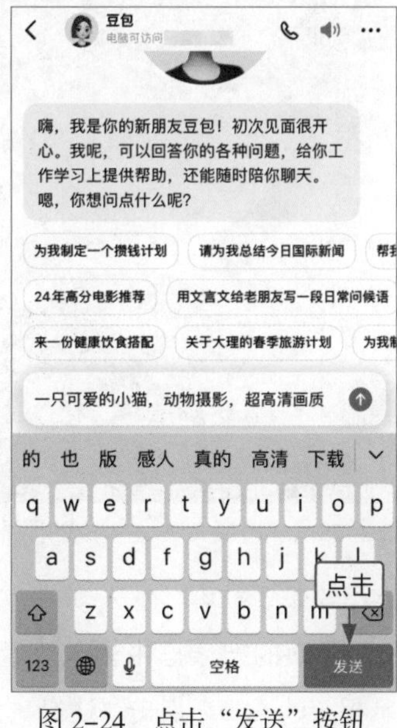

图 2-24　点击“发送”按钮

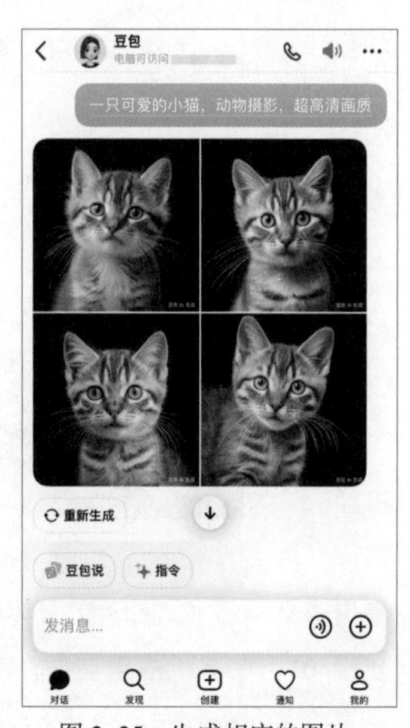

图 2-25　生成相应的图片

步骤 10 点击第 1 张图片，即可放大图片，效果如图 2-26 所示。

步骤 11 点击第 3 张图片，点击下载按钮，如图 2-27 所示，即可下载图片。

图 2-26 放大图片效果

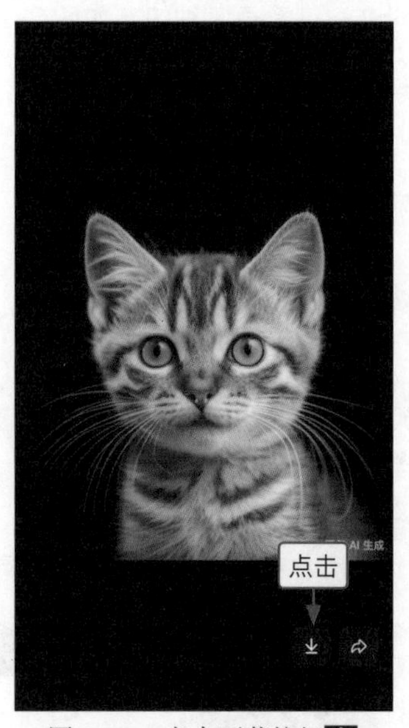

图 2-27 点击下载按钮

实例 13 使用通义 App 生成图片

效果展示 通义 App 是阿里云推出的一个先进的语言模型，具备多种功能，在多轮对话、内容创作、多模态理解等方面为用户提供强大的支持。在通义 App 中，用户根据需要输入相应的提示词，即可生成符合要求的图片，效果如图 2-28 所示。

图 2-28 使用通义 App 生成的图片

使用通义 App 生成图片的具体操作步骤如下。

步骤 01 在手机应用商店“搜索”界面的搜索框中输入“通义”，点击“搜索”按钮，搜索通义 App。手机将搜索并显示相关的 App，点击“通义－你的超级 AI 助手”右侧的“获取”按钮，如图 2-29 所示，下载并安装通义 App。

步骤 02 通义 App 下载安装完成后，“获取”按钮会变成“打开”按钮，点击“打开”按钮，如图 2-30 所示。

步骤 03 进入通义 App 界面，弹出“用户协议及隐私政策提示”对话框，点击“同意”按钮，如图 2-31 所示。

图 2-29 点击“获取”按钮

图 2-30 点击“打开”按钮

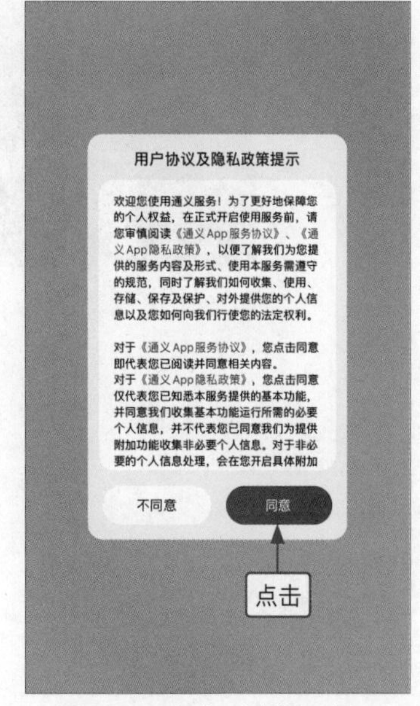

图 2-31 点击“同意”按钮

步骤 04 执行操作后，进入相应界面，用户需要使用自己的手机号码注册通义账号，注册完成后，即可进入通义的“助手”界面，点击该界面上方的“频道”按钮，如图 2-32 所示。

步骤 05 进入“频道”界面，选择“文字作画”选项，如图 2-33 所示。

步骤 06 进入“通义万相 | 文字作画”界面，在界面上方的输入框中输入提示词，设置绘画信息，点击“生成创意画作”按钮，如图 2-34 所示。

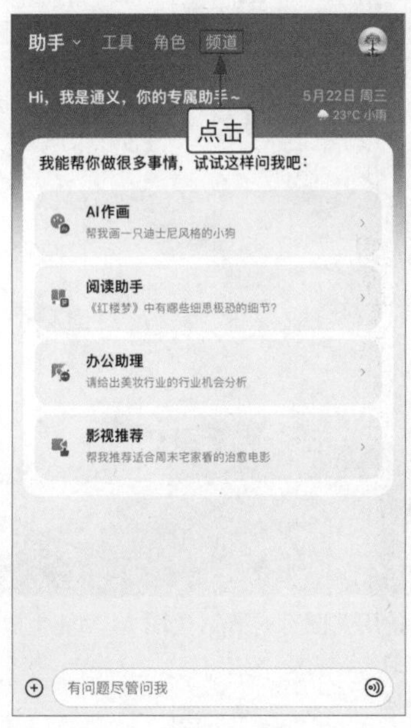

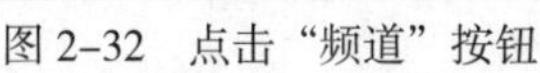

图 2-32 点击“频道”按钮

图 2-33 选择“文字作画”选项

图 2-34 点击“生成创意画作”按钮

步骤 07　进入“创作记录”界面，其中显示了刚生成的图片，如图 2-35 所示。

步骤 08　点击第 2 张图片，放大显示图片，点击下载按钮，如图 2-36 所示，下载喜欢的图片。

图 2-35　显示刚生成的图片

图 2-36　点击下载按钮

实例 14　使用美图秀秀 App 生成图片

效果展示　美图秀秀 App 是一款流行的图片编辑和美化软件，提供了一系列功能，包括图片美化、相机、人像美容、拼图、视频剪辑等，还提供美图 AI 功能，用户输入提示词，即可生成相应的图片，效果如图 2-37 所示。

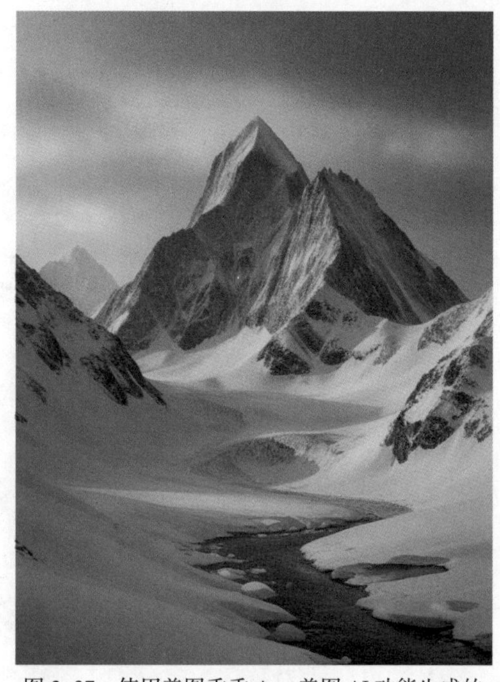

图 2-37　使用美图秀秀 App 美图 AI 功能生成的图片

使用美图秀秀 App 生成图片的具体操作步骤如下。

步骤 01　在手机应用商店“搜索”界面的搜索框中输入“美图秀秀”，点击“搜索”按钮，搜索美图秀秀 App。手机将搜索并显示相关的 App，点击“美图秀秀”右侧的按钮，如图 2-38 所示，下载并安装美图秀秀 App。

步骤 02　美图秀秀 App 下载安装完成后，按钮会变成“打开”按钮，点击“打开”按钮，如图 2-39 所示。

步骤 03　进入美图秀秀 App，弹出“温馨提示”对话框，其中显示了软件的相关协议信息，点击“同意并继续”按钮，如图 2-40 所示。

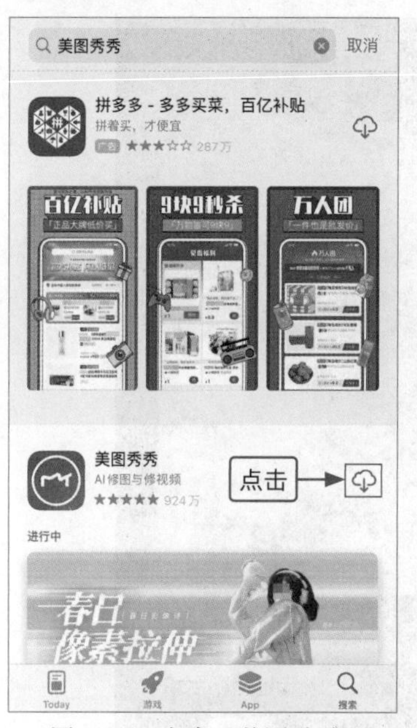

图 2-38 点击“美图秀秀”右侧的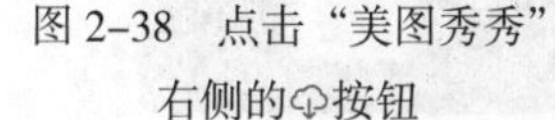按钮

图 2-39 点击“打开”按钮

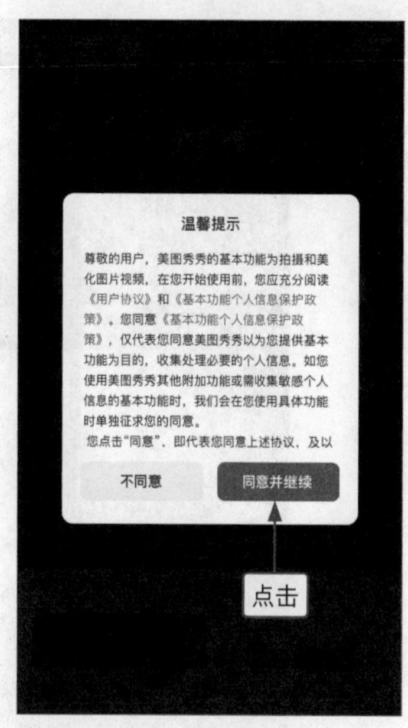

图 2-40 点击“同意并继续”按钮

步骤 04 进入美图秀秀的“首页”界面，点击底部的“美图 AI”按钮，如图 2-41 所示。

步骤 05 进入“美图 AI”界面，切换至“AI 绘画”选项卡，显示了“文生图”的相关功能，点击“文生图”板块中的输入框，如图 2-42 所示。

步骤 06 在输入框中输入提示词，点击“一键创作”按钮，如图 2-43 所示。

图 2-41 点击“美图 AI”按钮

图 2-42 点击“文生图”板块中的输入框

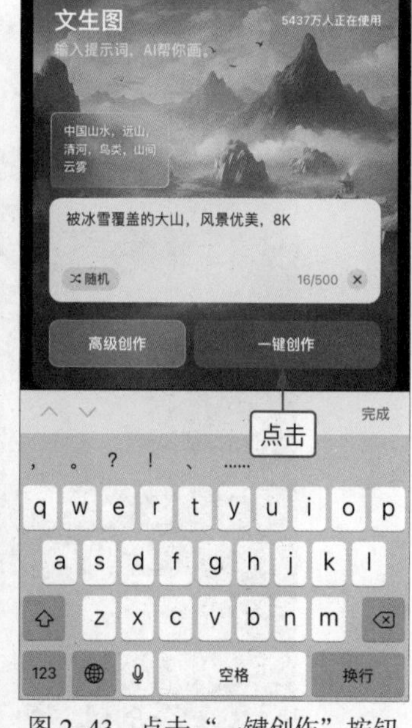

图 2-43 点击“一键创作”按钮

步骤 07 执行操作后，进入相应界面，查看生成的图片，如图 2-44 所示。

步骤 08 点击第 1 张图片，放大显示图片，点击“保存图片”按钮，如图 2-45 所示，保存相应的图片。

图 2-44　查看生成的图片

图 2-45　点击“保存图片”按钮

实例 15　使用文心一格生成图片

效果展示 文心一格是一个非常有潜力的 AI 图片生成工具，可以帮助用户完成更高效、更有创意的绘画创作，实现“一语成画”的目标，更轻松地创作出引人入胜的精美图片。图 2-46 所示为使用文心一格生成的图片。

图 2-46　使用文心一格生成的图片

使用文心一格生成图片的具体操作步骤如下。

步骤 01 在浏览器中打开搜索引擎（如 360 搜索），在输入框中输入“文心一格”，单击“搜索”按钮，在搜索结果中，单击文心一格官网的链接，如图 2-47 所示。

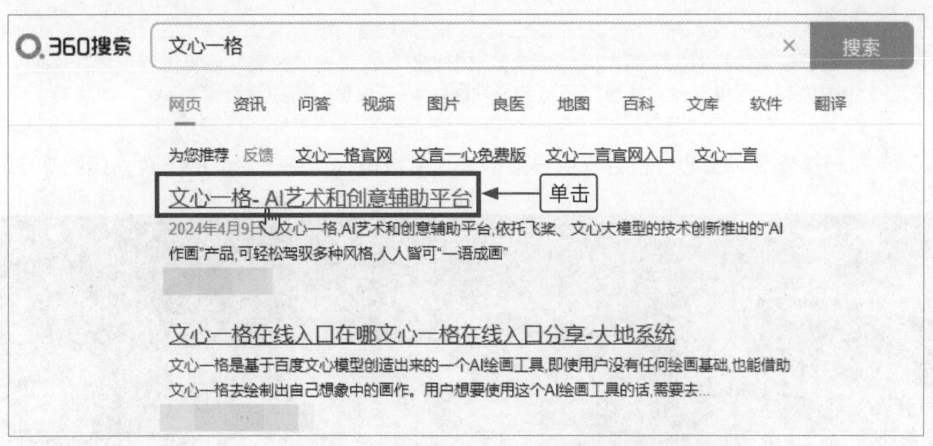

图 2–47　单击文心一格官网的链接

步骤 02　进入文心一格的“首页”界面，单击“立即创作”按钮，如图 2–48 所示。

图 2–48　单击“立即创作”按钮

步骤 03　进入文心一格的“AI 创作”界面，输入提示词，设置图片的信息，单击“立即生成”按钮，如图 2–49 所示。

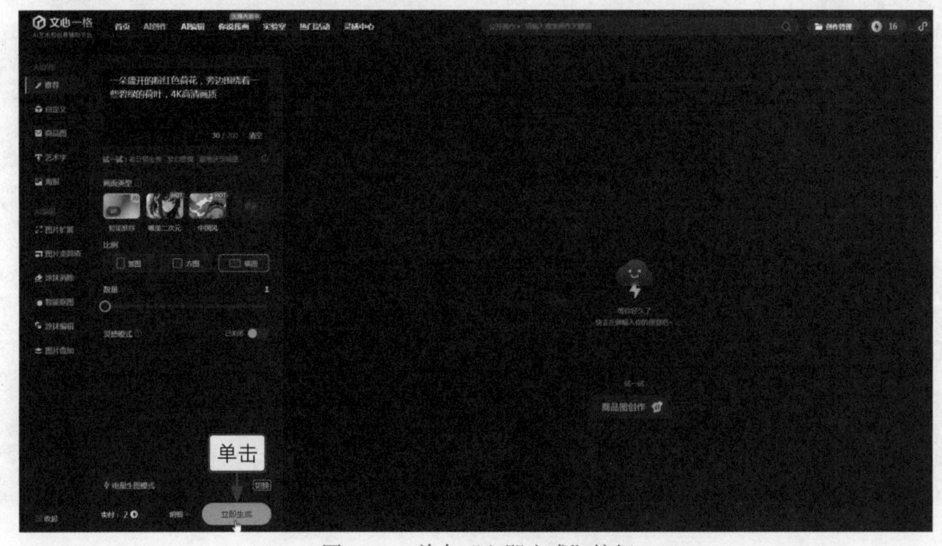

图 2–49　单击“立即生成”按钮

当用户需要使用同样的提示词，同时生成多张图片时，可以对“数量”信息进行设置。例如，需要同时生成 4 张图片时，可以拖曳“数量”下方的滑块，将“数量”的数值设置为 4。

步骤 04 执行操作后，文心一格会根据设置的信息生成图片，单击生成的图片，如图 2-50 所示。

图 2-50　单击生成的图片

步骤 05 进入图片的放大显示界面，用户可以在该界面中查看图片的放大效果，还可以单击界面右侧的“下载”按钮，如图 2-51 所示，将图片下载至电脑中。

图 2-51　单击界面右侧的“下载”按钮

实例 16 使用 Dreamina 生成图片

效果展示 Dreamina 是由抖音旗下的剪映推出的一款 AI 图片创作工具，Dreamina 使用先进的 AI 技术，可以识别用户输入的提示词，并基于这些提示词生成与之匹配的高质量图片。使用 Dreamina 中的"图片生成"功能，先输入提示词，选择合适的模型，然后设置相应的图片比例，即可轻松创作出满意的图片，效果如图 2-52 所示。

图 2-52 使用 Dreamina 的"图片生成"功能生成的图片

使用 Dreamina 生成图片的具体操作步骤如下。

步骤 01 在浏览器中打开搜索引擎（如百度），在输入框中输入"Dreamina"，单击"百度一下"按钮，在搜索结果中，单击 Dreamina 官网的链接，如图 2-53 所示。

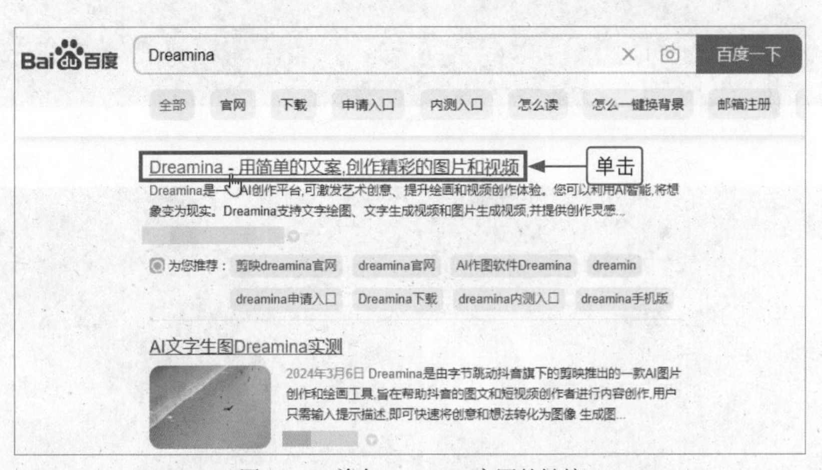

图 2-53 单击 Dreamina 官网的链接

步骤 02 进入 Dreamina 的"首页"界面，单击"图片生成"按钮，如图 2-54 所示，开始进行图片的创作。

步骤 03 执行操作后，进入"图片生成"界面，在左侧的输入框中输入提示词，设置图片信息，单击"立即生成"按钮，如图 2-55 所示。

步骤 04 稍等片刻，即可根据提示词生成 4 张图片，单击第 2 张图片中的"超清图"按钮 HD，如图 2-56 所示。

图 2–54　单击“图片生成”按钮

图 2–55　单击“立即生成”按钮

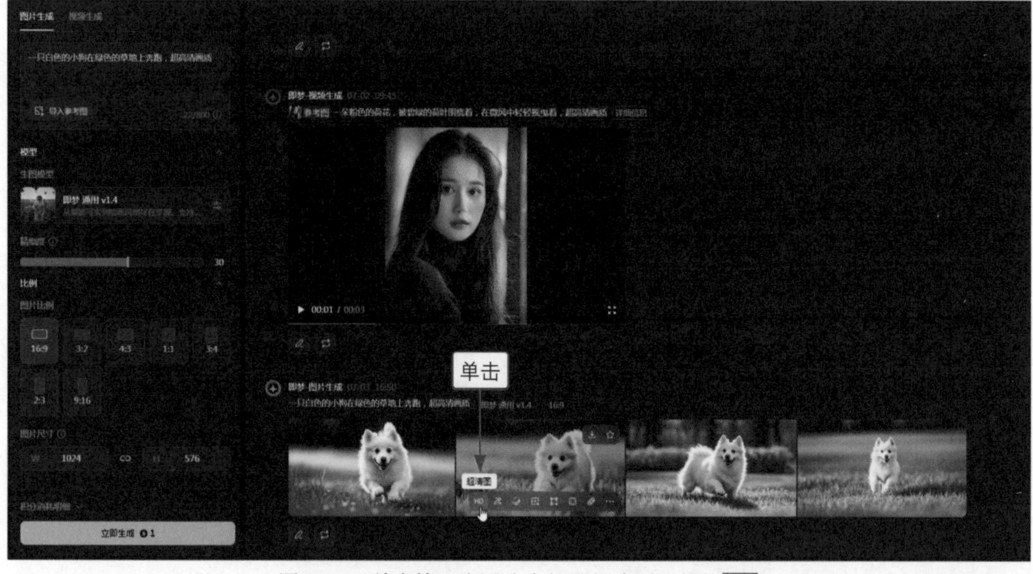

图 2–56　单击第 2 张图片中的“超清图”按钮 HD

步骤 05 执行操作后，即可生成超清图片，将鼠标指针移至图片上，单击“下载”按钮，如图 2-57 所示，即可下载图片。

图 2-57 单击“下载”按钮

实例 17 使用造梦日记生成图片

效果展示 造梦日记是一款依托先进技术支持的创意绘画应用。它结合了人工智能技术和艺术创作的精髓，为用户提供全新的绘画体验。造梦日记的核心功能基于其强大的图片生成能力。用户只需输入提示词，造梦日记就能够根据描述自动生成具有独特风格的图片。造梦日记生成的图片如图 2-58 所示。

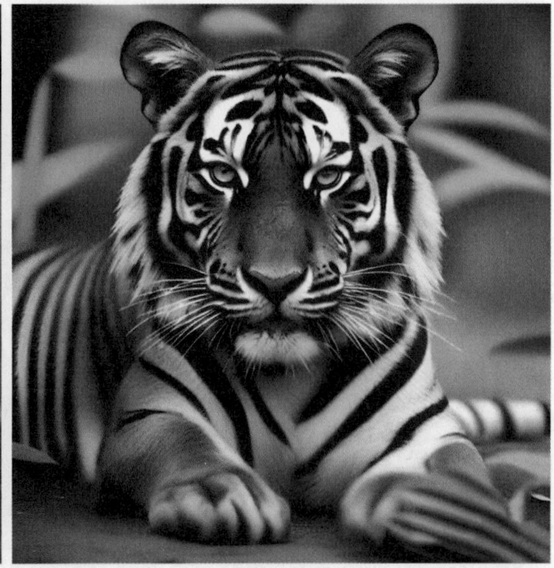

图 2-58 造梦日记生成的图片

使用造梦日记生成图片的具体操作步骤如下。

步骤 01 在浏览器中打开搜索引擎（如百度），在输入框中输入“造梦日记”，单击“百度一下”按钮，在搜索结果中，单击造梦日记官网的链接，如图 2-59 所示。

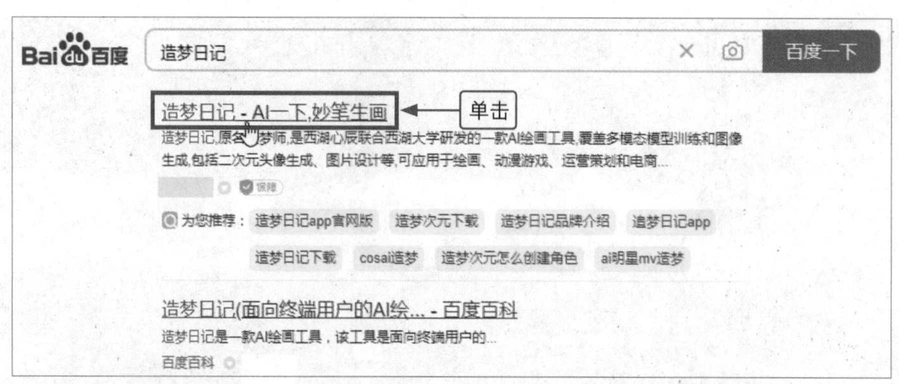

图 2-59 单击造梦日记官网的链接

步骤 02 进入造梦日记的“首页”界面，单击“开始创作”按钮，如图 2-60 所示。

图 2-60 单击“开始创作”按钮

步骤 03 进入造梦日记的创作界面，在该界面中输入提示词，设置图片的信息，单击“生成”按钮，即可生成相应的图片，如图 2-61 所示。

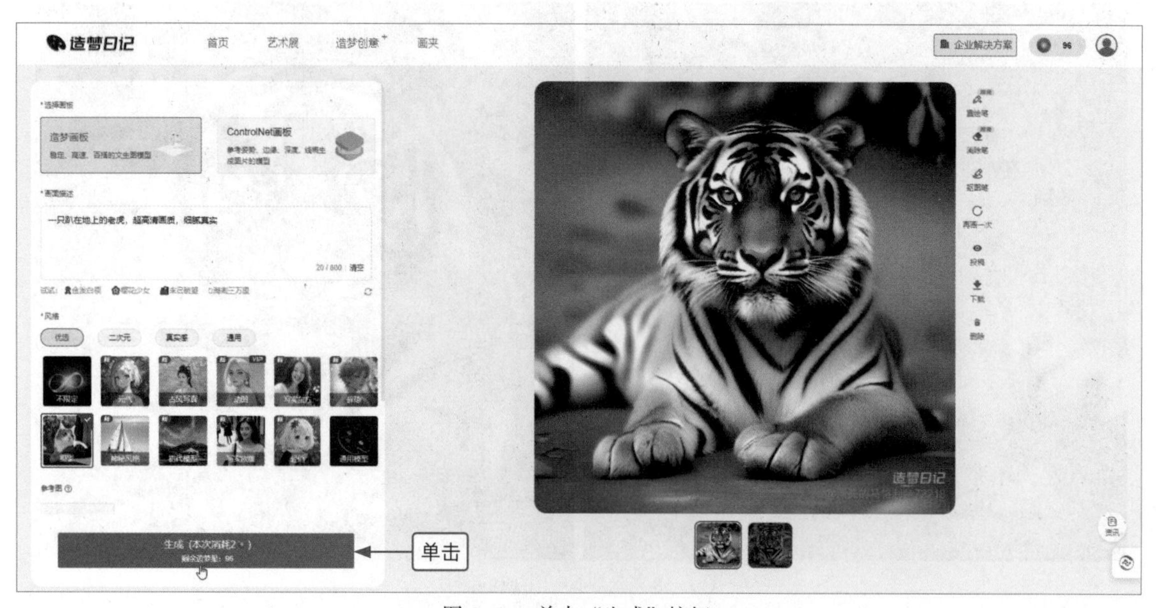

图 2-61 单击“生成”按钮

步骤 04 图片生成后，单击界面右侧的“下载”按钮，如图 2-62 所示，可以将生成的图片下载至电脑中。

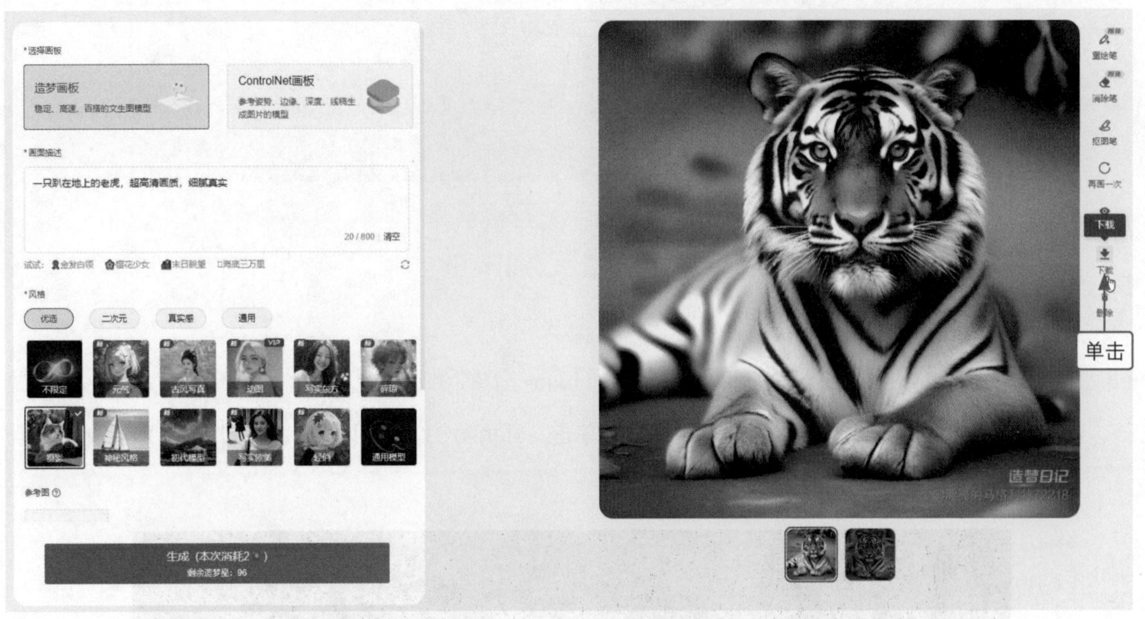

图 2-62 单击“下载”按钮

实例 18 使用 Midjourney 生成图片

效果展示 Midjourney 是一款利用人工智能技术进行绘画创作的工具，用户可以在其中输入文字、图片等提示内容，让 AI 机器人（即 AI 模型）自动创作出符合要求的图片。Midjourney 生成的图片如图 2-63 所示。

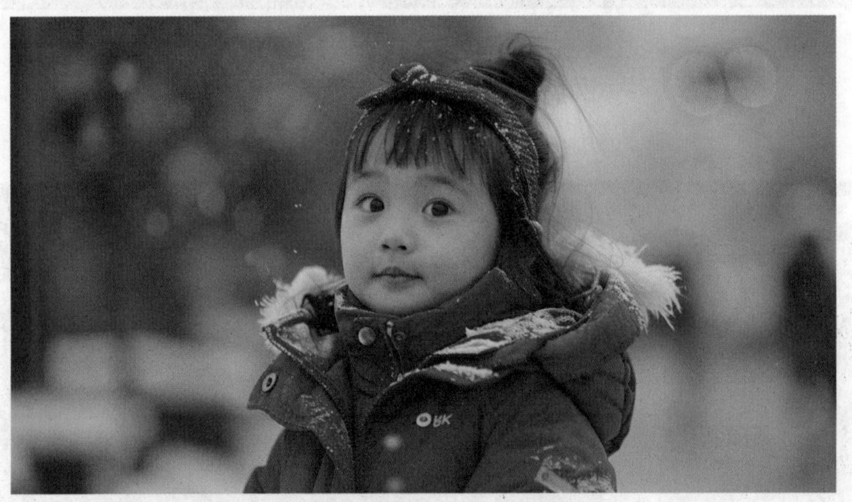

图 2-63 Midjourney 生成的图片

使用 Midjourney 生成图片的具体操作步骤如下。

步骤 01 在浏览器中打开搜索引擎（如谷歌），在输入框中输入“Midjourney”，按【Enter】键确认，在搜索结果中，单击 Midjourney 官网的链接，如图 2-64 所示。

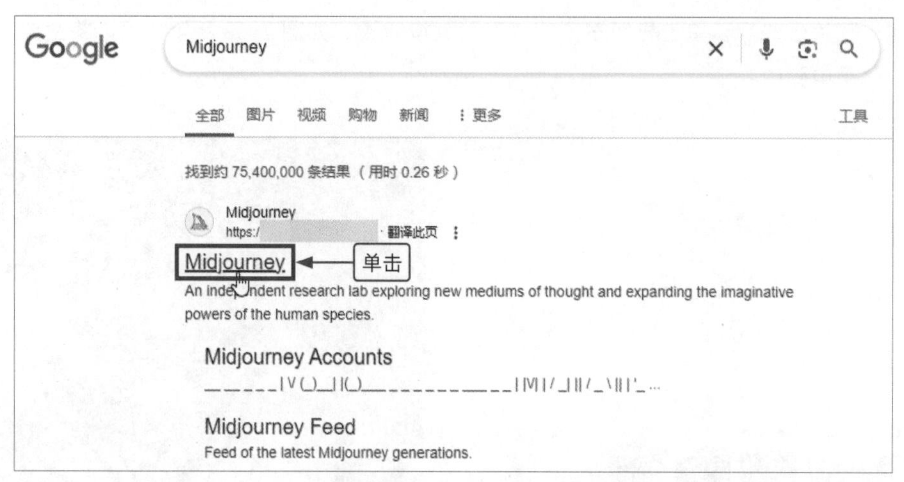

图 2-64　单击 Midjourney 官网的链接

步骤 02　进入 Midjourney 官网的默认界面，单击“Sign In”（登录）按钮，如图 2-65 所示，并根据提示登录 Midjourney 账号。

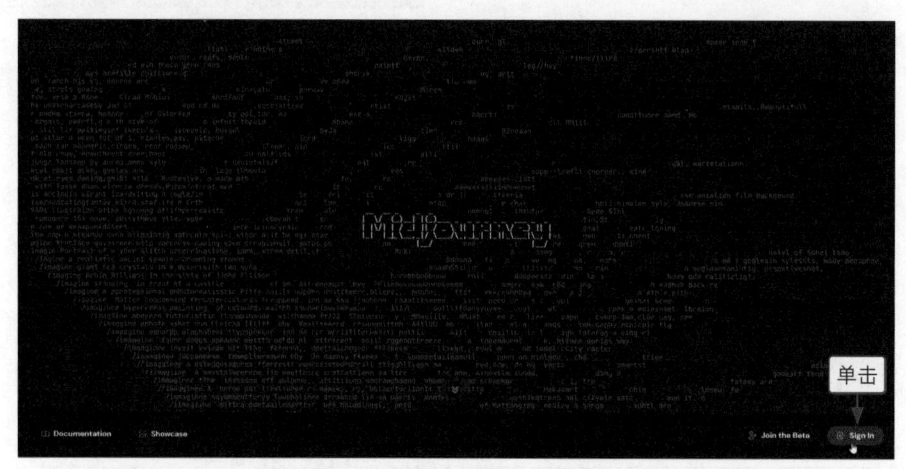

图 2-65　单击“Sign In”按钮

步骤 03　在 Midjourney 中创建服务器并添加机器人（相关操作请参考 2.2 小节实例 19），在 Midjourney 界面下方的输入框内输入“/”，在弹出的列表中选择“imagine”指令，如图 2-66 所示。

图 2-66　选择“imagine”指令

步骤 04　根据自身需求在输入框中输入提示词，如图 2-67 所示。

图 2-67　在输入框中输入提示词

步骤 05　按【Enter】键确认，即可生成 4 张图片，单击图片顺序对应的 U 按钮，如单击 U2 按钮，如图 2-68 所示。

图 2-68　单击“U2”按钮

步骤 06　执行操作后，即可放大对应的图片，如图 2-69 所示。

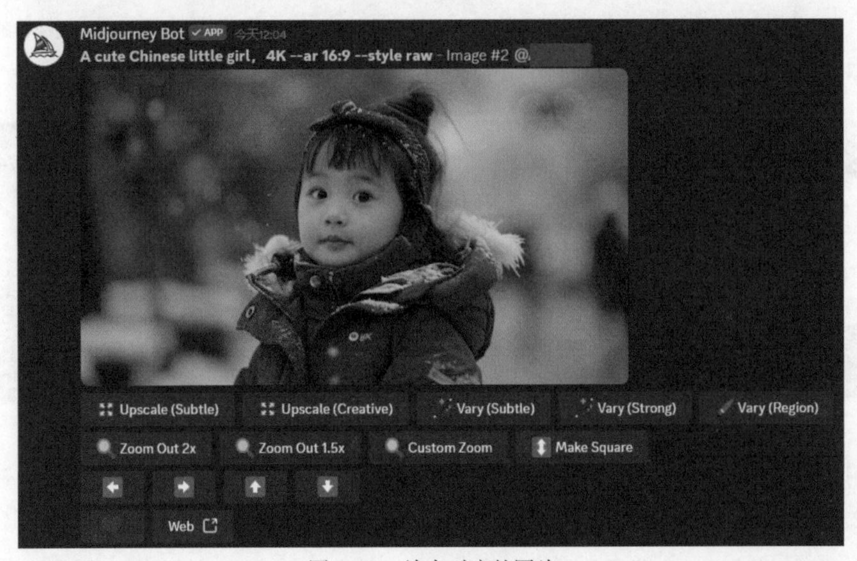

图 2-69　放大对应的图片

步骤 07　单击图片的显示区，放大显示图片，在显示区中单击鼠标右键，在弹出的快捷菜单中选择“另存为图片”选项，如图 2-70 所示，设置相关信息之后，即可将图片存储到电脑中。

图 2-70　选择“另存为图片”选项

2.2 AI图片生成的操作技巧

在使用各种 AI 工具生成 AI 短视频的图片素材时，如果能掌握一些操作技巧，将更容易获得满意的图片。这一节就以 Midjourney 为例，为大家讲解 AI 图片生成的操作技巧。

实例 19　使用 Midjourney 再次生成图片

效果展示　当用户对初次生成的图片不满意时，可以单击（重做）按钮，使用相同的提示词再次生成图片，效果如图 2-71 所示。

   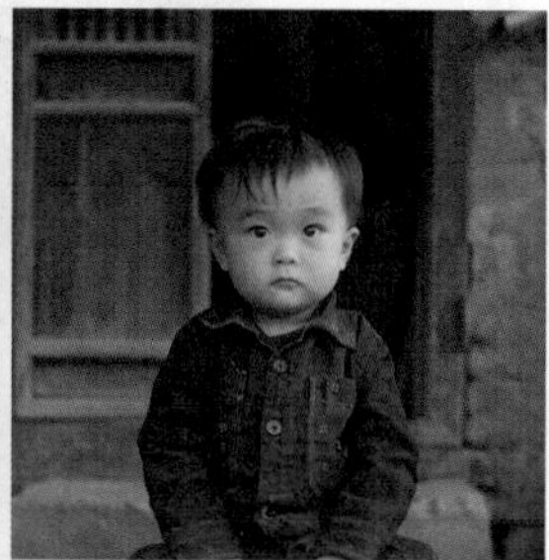

图 2-71　使用 Midjourney 再次生成图片的效果

当然，用户要正常使用 Midjourney，并进行再次生成图片的操作，需要先完成注册和登录账号、创建服务器、添加机器人等操作，下面就来讲解具体的操作步骤。

步骤 01　进入 Midjourney 官网的默认界面，单击“Sign In”按钮，会弹出“欢迎回来！”对话框，单击该对话框中的“注册”按钮，如图 2-72 所示。

步骤 02　在弹出的“创建一个账号”对话框中设置登录信息，单击该对话框中的“继续”按钮，如图 2-73 所示。

步骤 03 Midjourney 将对电子邮箱进行审核。电子邮箱通过审核后，系统会提示用户输入姓名并进行手机验证，按照要求进行设置即可完成注册，随后在“欢迎回来！”对话框中输入用户名和密码，即可登录并使用 Midjourney。

步骤 04 登录 Midjourney 账号之后，在 Midjourney 的频道主页中，单击左下角的“添加服务器”按钮＋，如图 2-74 所示。

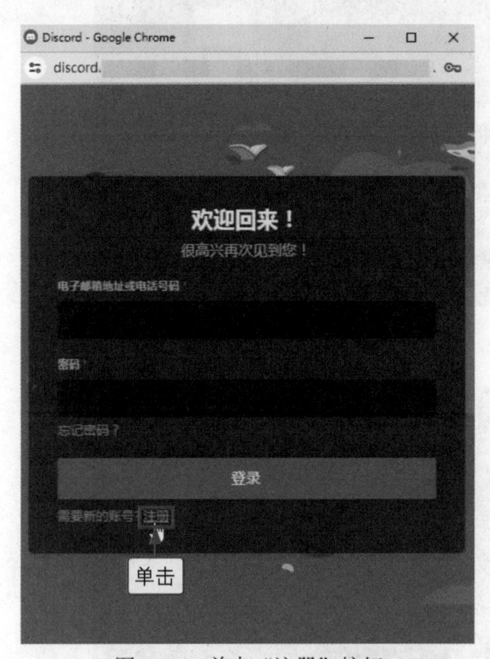

图 2-72　单击“注册”按钮

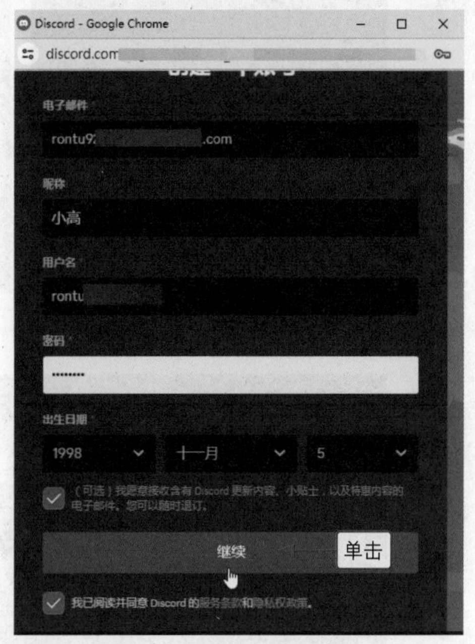

图 2-73　单击“继续”按钮

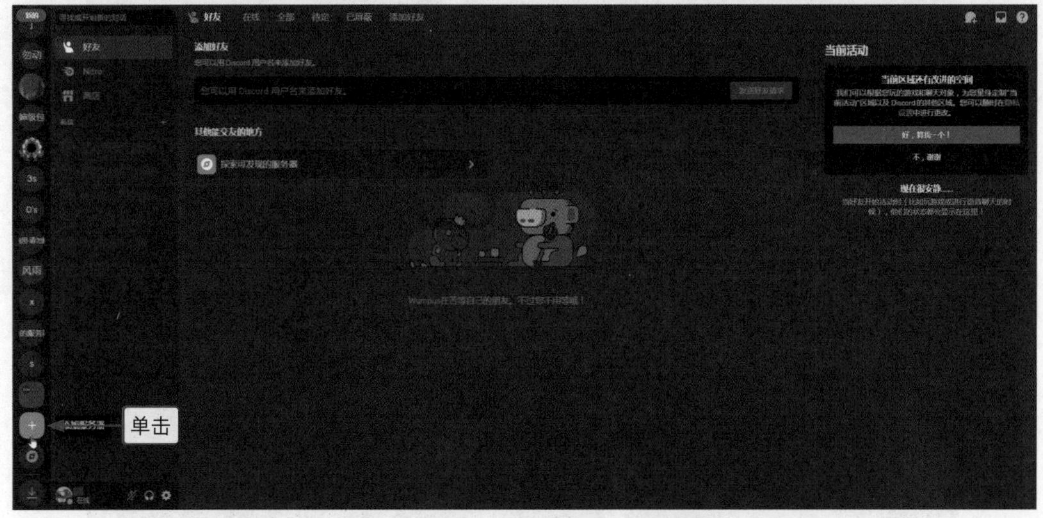

图 2-74　单击“添加服务器”按钮＋

步骤 05 弹出“创建您的服务器”对话框，选择“亲自创建”选项，如图 2-75 所示。当然，如果用户收到邀请，也可以加入其他人创建的服务器。

步骤 06 在弹出的新的对话框中选择“仅供我和我的朋友使用”选项，如图 2-76 所示。

步骤 07 弹出“自定义您的服务器”对话框，输入服务器名称，单击“创建”按钮，如图 2-77 所示。

步骤 08 如果显示欢迎来到对应服务器的相关信息，就说明服务器创建成功了，如图 2-78 所示。

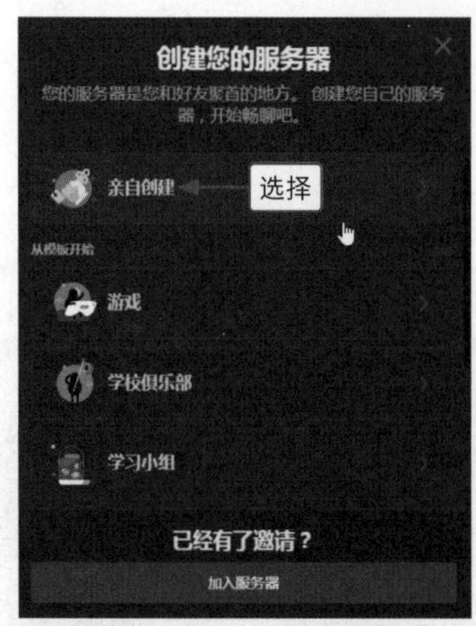

图 2-75　选择“亲自创建”选项

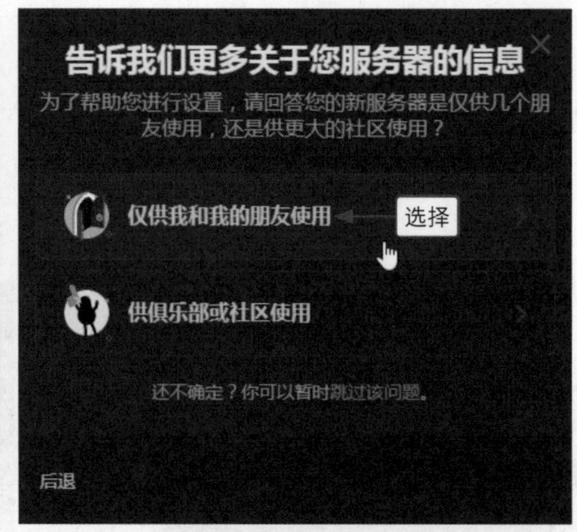

图 2-76　选择“仅供我和我的朋友使用”选项

图 2-77　单击“创建”按钮

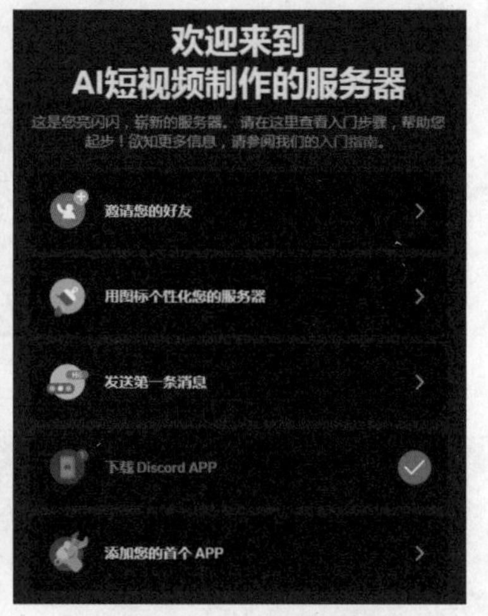

图 2-78　服务器创建成功

步骤 09 单击界面左上角的“私信”图标，再单击“寻找或开始新的对话”输入框，如图 2-79 所示。

步骤 10 输入“Midjourney Bot”，选择相应的选项，如图 2-80 所示。

图 2-79　单击“寻找或开始新的对话”输入框

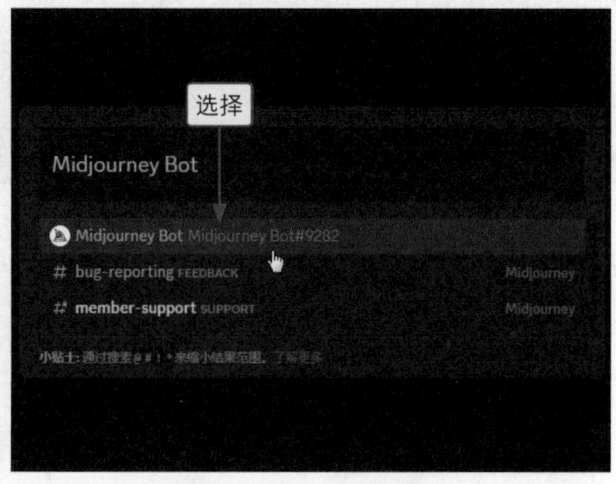

图 2-80　选择相应的选项

步骤 11 在 Midjourney Bot 的头像上单击鼠标右键，在弹出的快捷菜单中选择“个人资料”选项，如图 2-81 所示。

步骤 12 在弹出的对话框中单击“添加 APP”按钮，如图 2-82 所示。

图 2-81 选择“个人资料”选项

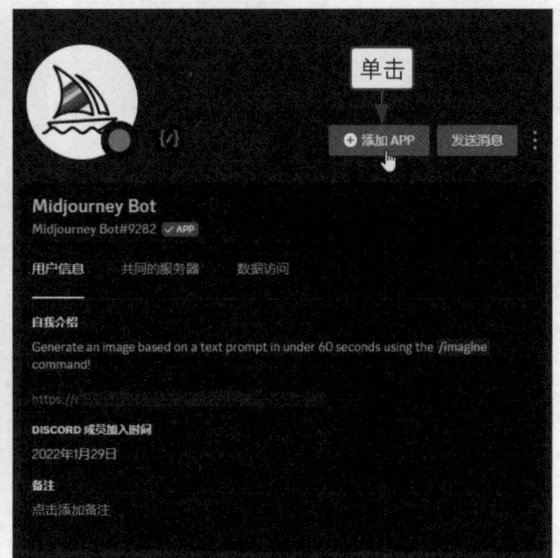

图 2-82 单击“添加 APP”按钮

步骤 13 弹出“外部应用程序”对话框，选择刚才创建的服务器，单击“继续”按钮，如图 2-83 所示。

步骤 14 确认 Midjourney Bot 在该服务器上的权限，单击“授权”按钮，如图 2-84 所示。

步骤 15 执行操作后，如果显示“成功！”，就说明 Midjourney Bot 添加成功了，如图 2-85 所示。

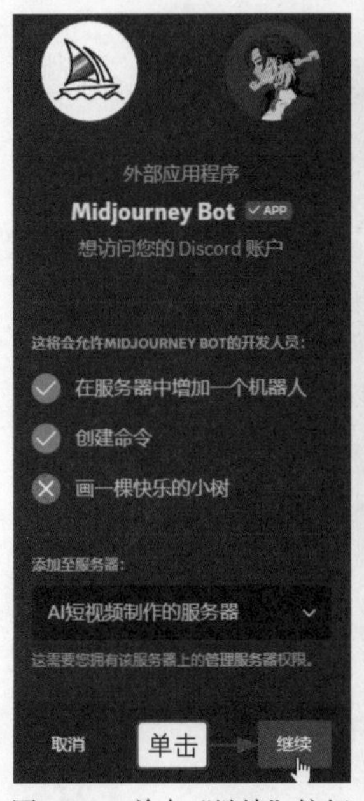

图 2-83 单击“继续”按钮

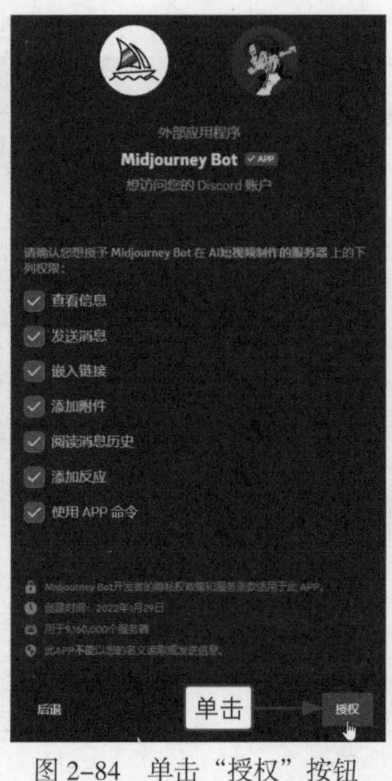

图 2-84 单击“授权”按钮

图 2-85 成功添加 Midjourney Bot

步骤 16 使用 Midjourney 生成图片之后，单击图片下方的按钮，如图 2-86 所示。

步骤 17 执行操作后，Midjourney 会自动使用相同的提示词，重新生成 4 张图片，如图 2-87 所示。

图 2-86 单击按钮

图 2-87 使用相同的提示词重新生成图片

使用提示词初次生成图片的具体操作，已在 2.1 节中进行了详细的介绍，这里就不再赘述了。

实例 20 使用 Midjourney 进行文生图

效果展示 Midjourney 主要使用“imagine”指令和提示词等文字描述来完成 AI 生成图片操作，效果如图 2-88 所示。

图 2-88 Midjourney 生成的图片

使用 Midjourney 进行文生图的具体操作步骤如下。

步骤 01 在 Midjourney 界面下方的输入框内输入“/”，在弹出的列表中选择“imagine”指令，在“prompt”输入框中输入提示词，如图 2-89 所示。

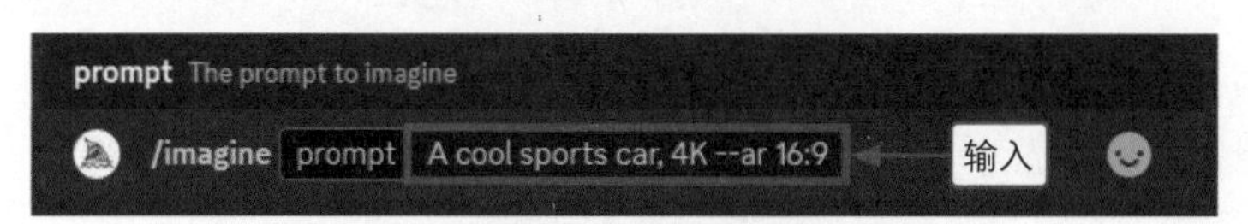

图 2-89 在“prompt”输入框中输入提示词

步骤 02 按【Enter】键确认，稍等片刻，Midjourney 将生成 4 张图片，单击图片顺序对应的 U 按钮，如单击“U2”按钮，如图 2-90 所示。

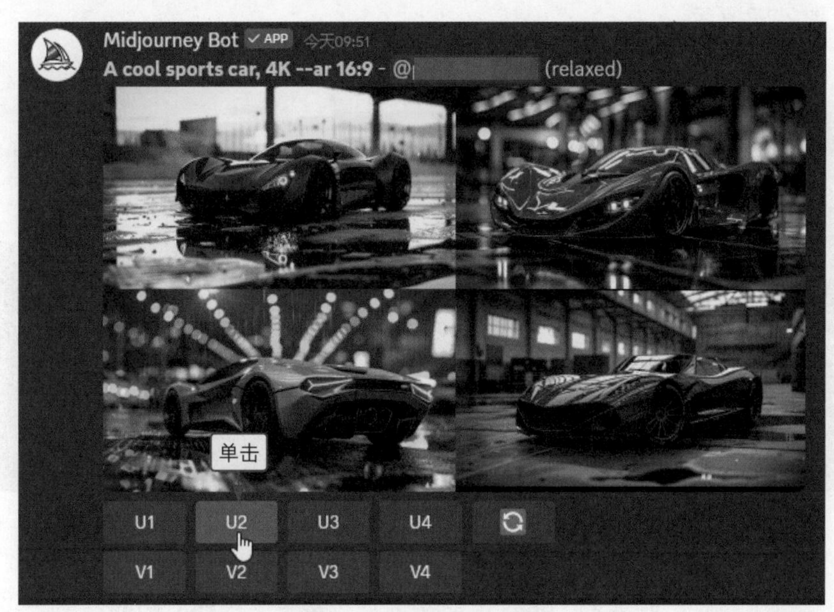

图 2-90 单击“U2”按钮

步骤 03 执行操作后，即可生成大图效果，具体请见图 2-88。

用户应尽量输入英文提示词，Midjourney 的 AI 模型对于英文词汇的首字母大小写格式没有要求，但提示词中的各个词汇中间要添加一个半角逗号（英文格式）或空格，便于 Midjourney 更好地理解提示词的整体内容。

实例 21 使用 Midjourney 进行图生图

效果展示 在 Midjourney 中，用户可以先使用“describe”（描述）指令获取图片的提示词（即图生文），然后根据提示词和图片链接来生成类似的图片，这个过程称为“图生图”，也称为“垫图”，原图与效果图的对比如图 2-91 所示。

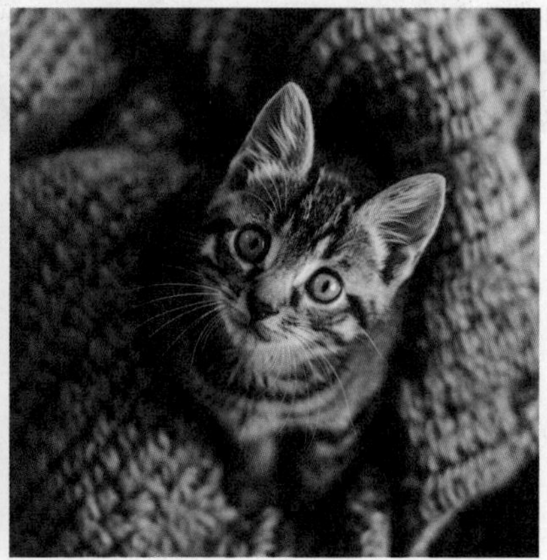

图 2-91 原图与效果图的对比

使用 Midjourney 进行图生图的具体操作步骤如下。

步骤 01　在 Midjourney 界面下方的输入框内输入“/”，在弹出的列表中选择“describe”指令，如图 2-92 所示。

步骤 02　在弹出的“选项”列表中选择“image”（图像）选项，如图 2-93 所示。

图 2-92　选择“describe”指令

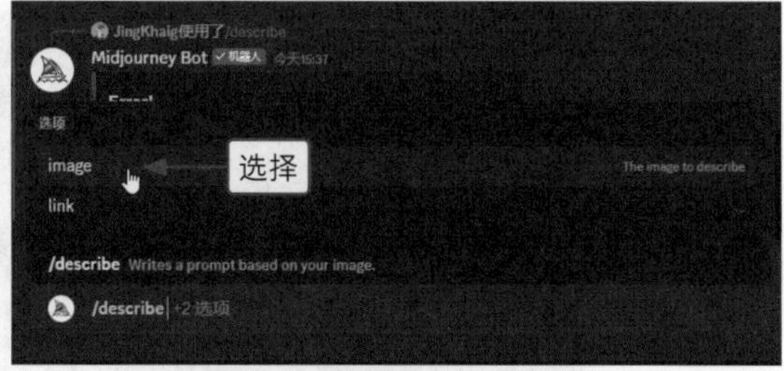

图 2-93　选择“image”选项

步骤 03　执行操作后，单击上传按钮，如图 2-94 所示。

步骤 04　弹出“打开”对话框，选择相应的图片，单击“打开”按钮，即可将图片添加到 Midjourney 的输入框中，如图 2-95 所示，按两次【Enter】键确认。

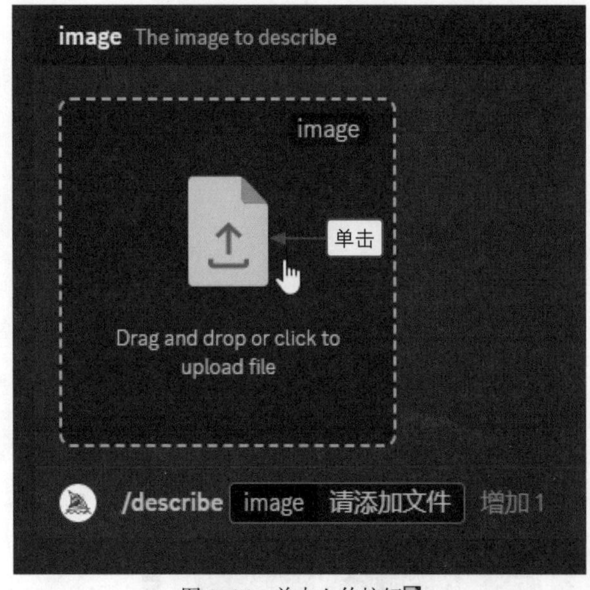

图 2-94　单击上传按钮

图 2-95　将图片添加到输入框中

步骤 05　执行操作后，Midjourney 会根据用户上传的图片生成 4 段提示词，如图 2-96 所示。

步骤 06　单击某段提示词对应的按钮，如图 2-97 所示。

步骤 07　执行操作后，即可使用对应的提示词生成 4 张图片，如图 2-98 所示。

步骤 08　单击图片顺序对应的 U 按钮，如“U3”按钮，即可生成大图，具体请见图 2-91。

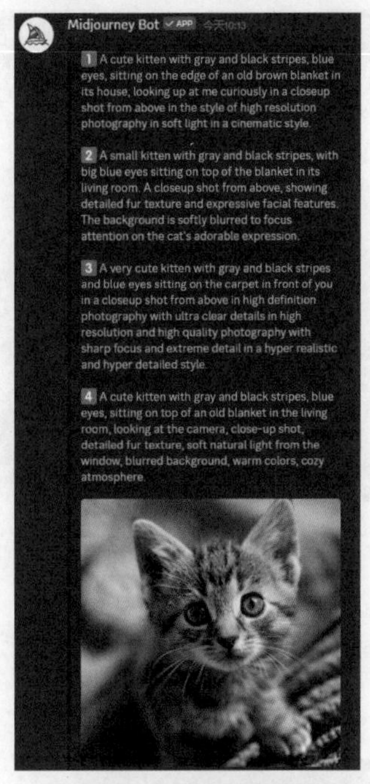

图 2–96　生成 4 段提示词

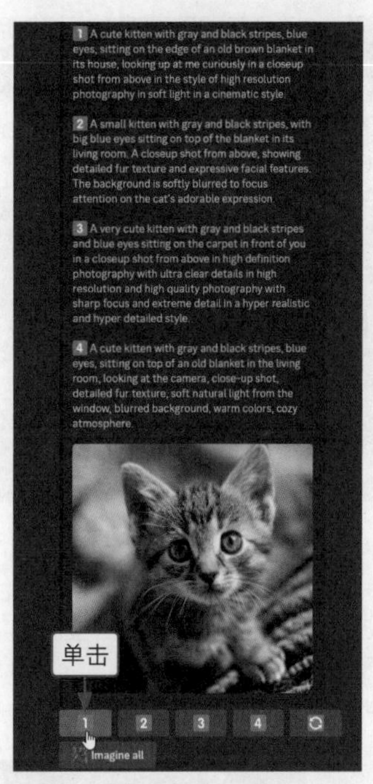

图 2–97　单击某段提示词对应的按钮

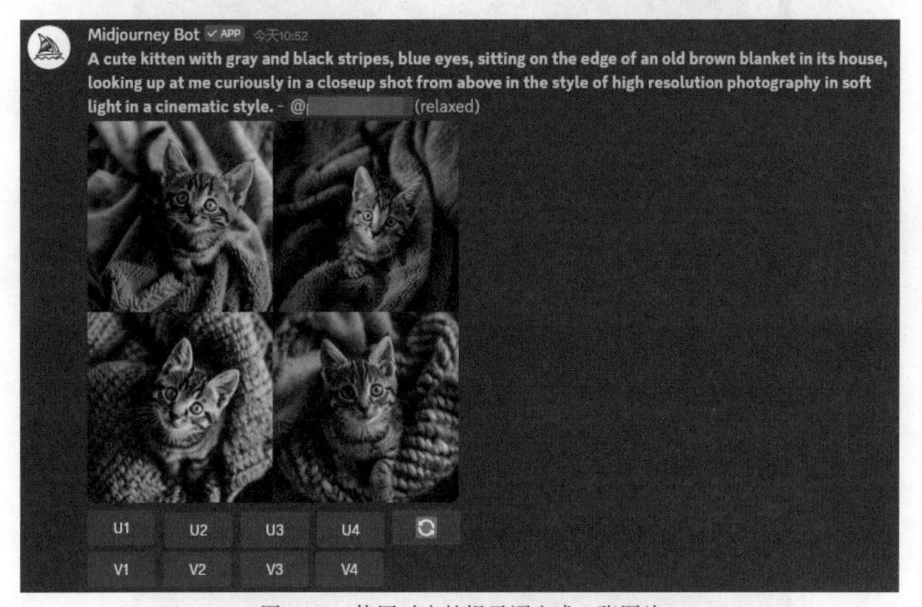

图 2–98　使用对应的提示词生成 4 张图片

除了直接单击提示词对应的按钮，用户还可以单击上传的图片，先在图片的显示区单击鼠标右键，然后在弹出的快捷菜单中选择复制图片地址选项，并将图片地址和提示词输入“prompt”输入框，参照原图和提示词进行图片生成。

实例 22　使用 Midjourney 进行混合生图

效果展示　在 Midjourney 中，用户可以使用 blend（混合）指令快速上传 2 ~ 4 张图片，Midjourney 会分析每张图片的特征，并将它们混合生成一张新的图片，原图与效果图的对比如图 2–99 所示。

图 2-99　原图与效果图的对比

使用 Midjourney 进行混合生图的具体操作步骤如下。

步骤 01　在 Midjourney 界面下方的输入框内输入“/”，在弹出的列表中，选择“blend”指令，如图 2-100 所示。

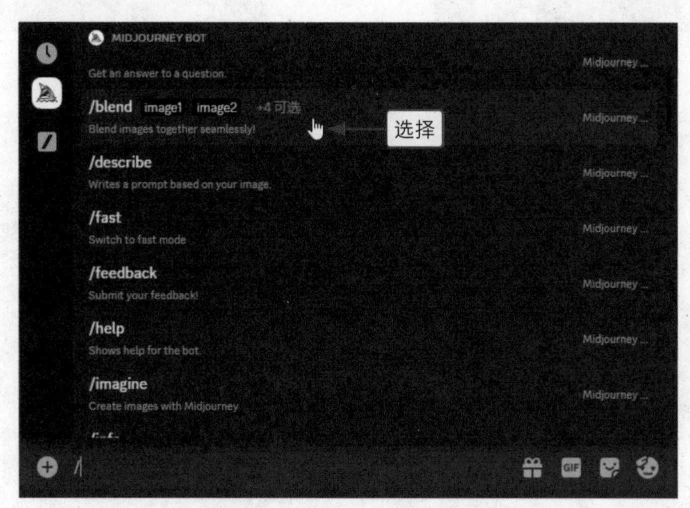

图 2-100　选择“blend”指令

步骤 02　执行操作后，会出现两个图片框，单击左侧的上传按钮，如图 2-101 所示。

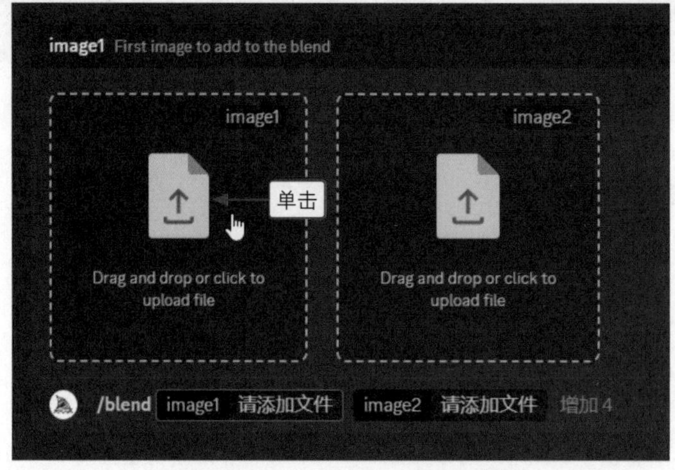

图 2-101　单击左侧的上传按钮

步骤 03　弹出“打开”对话框，选择图片，单击“打开”按钮，将图片添加到左侧的图片框中，用同样的操作方法在右侧的图片框中添加一张图片，如图 2-102 所示。

图 2-102　添加图片

步骤 04　执行操作后，按【Enter】键确认，Midjourney 会自动完成图片的混合操作，并生成 4 张图片，如图 2-103 所示。

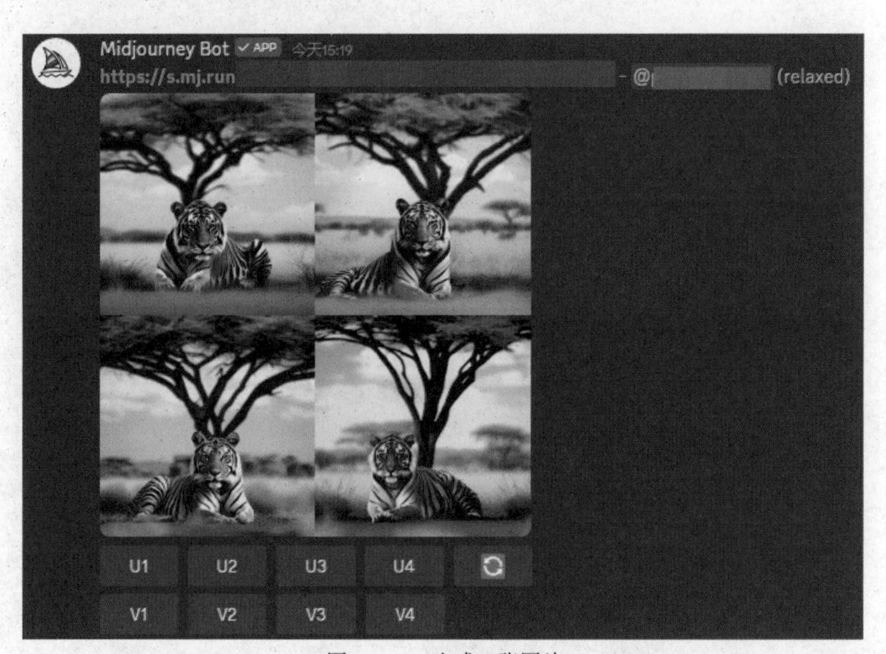

图 2-103　生成 4 张图片

步骤 05　单击图片顺序对应的 U 按钮，如“U4”按钮，即可生成大图，具体请见图 2-99。

第 3 章　AI 短视频的视频素材准备

在制作 AI 短视频时，用户除了需要准备文案和图片素材，有时候还需要准备视频素材。为了又好又快地制作出满意的视频素材，用户有必要掌握相关工具的使用技巧。本章将以常见的 AI 短视频制作工具为例，为用户讲解视频素材的制作技巧。

3.1 常用的AI短视频制作工具

当我们准备视频素材时，可以借助 AI 短视频制作工具快速制作出所需的内容。这一节就来重点介绍常用的 AI 短视频制作工具。

实例 23　使用必剪 App 生成视频

效果展示 必剪 App 的功能全面，既有基础的剪辑工具，又有实用的特色功能。例如，使用必剪 App 的“文字视频”功能，用户只需输入文案内容，即可快速生成视频，效果如图 3-1 所示。

图 3-1　使用必剪 App 的“文字视频”功能生成的视频

使用必剪 App“文字视频”功能生成视频的具体操作步骤如下。

步骤 01　在手机应用商店“搜索”界面的搜索框中输入“必剪”，点击“搜索”按钮，搜索必剪 App。点击搜索结果中“必剪 -B 站官方出品”右侧的按钮，如图 3-2 所示，下载并安装必剪 App。

步骤 02　必剪 App 下载安装完成后，按钮会变成“打开”按钮，点击“打开”按钮，如图 3-3 所示。

步骤 03　进入必剪 App 的“创作”界面，点击“文字视频”按钮，如图 3-4 所示。

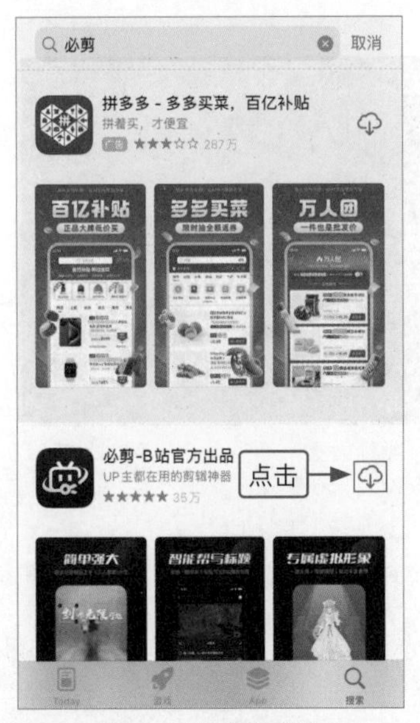

图 3-2　点击按钮

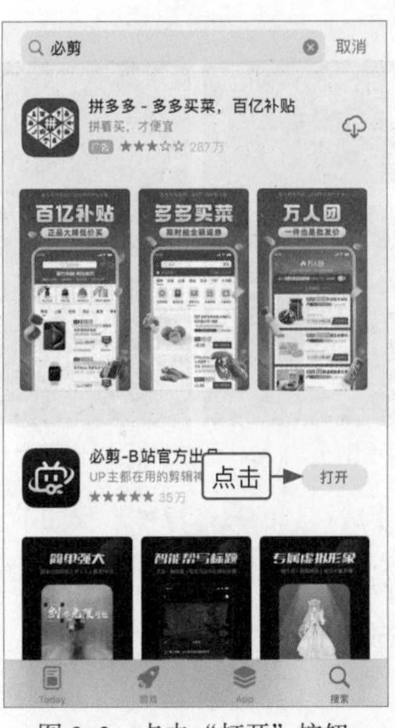

图 3-3　点击“打开”按钮

图 3-4　点击“文字视频”按钮

步骤 04 进入“录入文字”界面，点击界面中的输入框，如图 3-5 所示。

步骤 05 在输入框中输入文案内容，点击“下一步”按钮，如图 3-6 所示。

步骤 06 进入“视频编辑”界面，如图 3-7 所示，即可查看生成的视频效果。如果用户对视频效果比较满意，可以点击“导出”按钮，将视频保存至手机相册中。视频保存成功之后，可以在手机相册中查看。

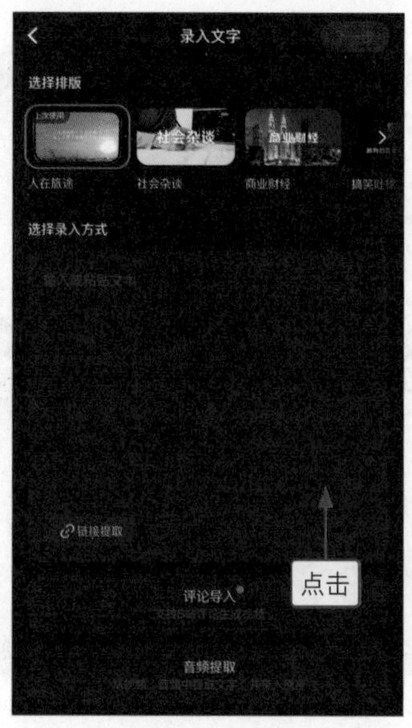

图 3-5　点击界面中的输入框

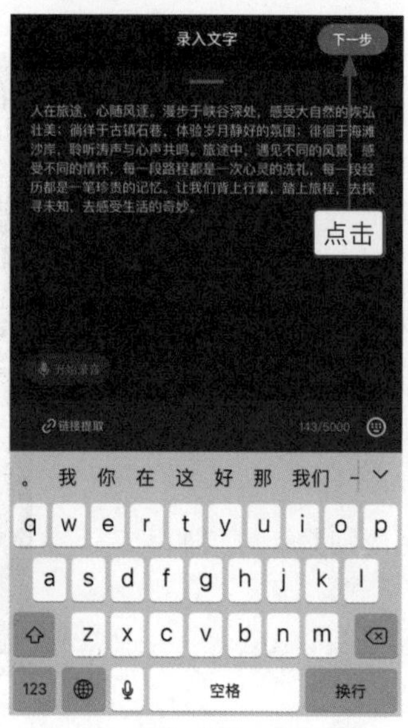

图 3-6　点击“下一步”按钮

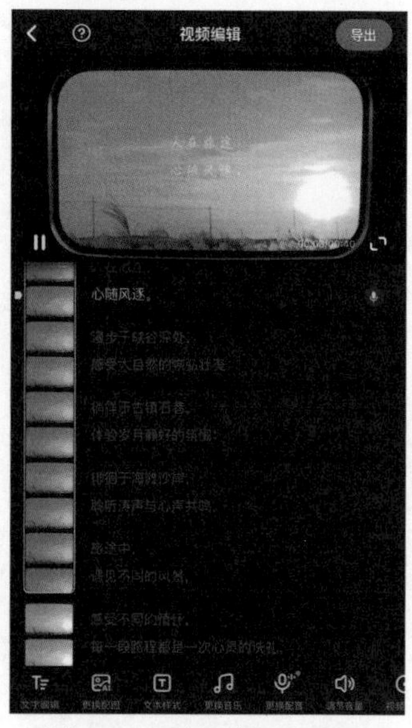

图 3-7　“视频编辑”界面

实例 24　使用不咕剪辑 App 生成视频

效果展示 不咕剪辑 App 的视频模板功能可以满足用户一键完成视频生成的需求，还支持对生成的视频进行自定义编辑，让视频的效果更独特。使用不咕剪辑 App 的视频模板功能生成的视频效果如图 3-8 所示。

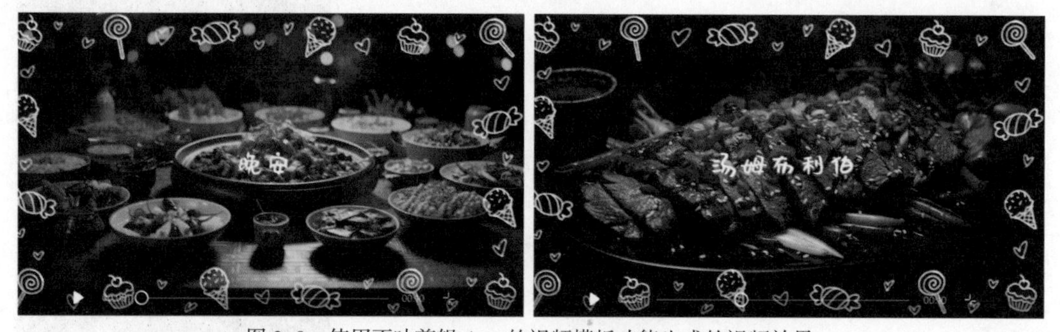

图 3-8　使用不咕剪辑 App 的视频模板功能生成的视频效果

使用不咕剪辑 App 视频模板功能生成视频的具体操作步骤如下。

步骤 01 在手机应用商店“搜索”界面的搜索框中输入“不咕剪辑”，点击“搜索”按钮，搜索不咕剪辑 App。点击搜索结果中“不咕剪辑 | Cooclip”右侧的按钮，如图 3-9 所示，下载并安装不咕剪辑 App。

步骤 02 不咕剪辑 App 下载安装完成后，按钮会变成“打开”按钮，点击“打开”按钮，如图 3-10 所示。

步骤 03 打开不咕剪辑 App 之后，会弹出“欢迎使用不咕剪辑”对话框，点击该对话框中的“同意”按钮，如图 3-11 所示。

图 3-9 点击按钮

图 3-10 点击“打开”按钮

图 3-11 点击“同意”按钮

步骤 04 进入“剪辑”界面，点击界面中的“视频模板”按钮，如图 3-12 所示。

步骤 05 进入“视频模板”界面，在该界面中选择合适的模板，如图 3-13 所示。

步骤 06 进入模板预览界面，查看模板效果，然后点击界面下方的“使用模板”按钮，如图 3-14 所示。

图 3-12 点击“视频模板”按钮

图 3-13 选择合适的模板

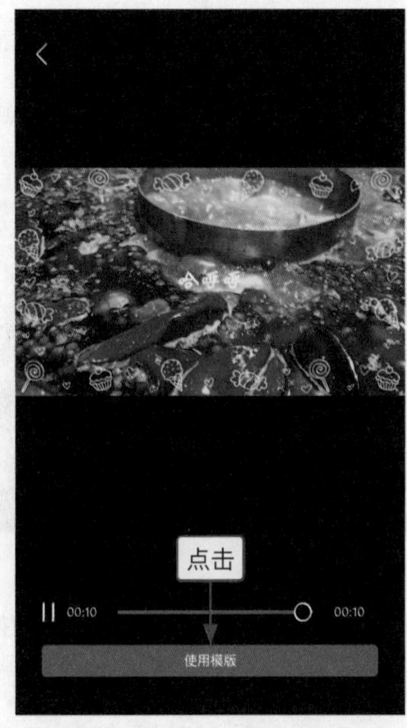

图 3-14 点击“使用模板”按钮

步骤 07 进入“相册”界面，选择图片素材，点击“下一步”按钮，如图 3-15 所示。

步骤 08 执行操作后，即可进入“使用模板”界面，查看生成的视频效果，如图 3-16 所示。如果用户对视频效果比较满意，可以点击“导出视频”按钮，将视频保存至手机相册中。视频保存成功之后，可以在手机相册中查看。

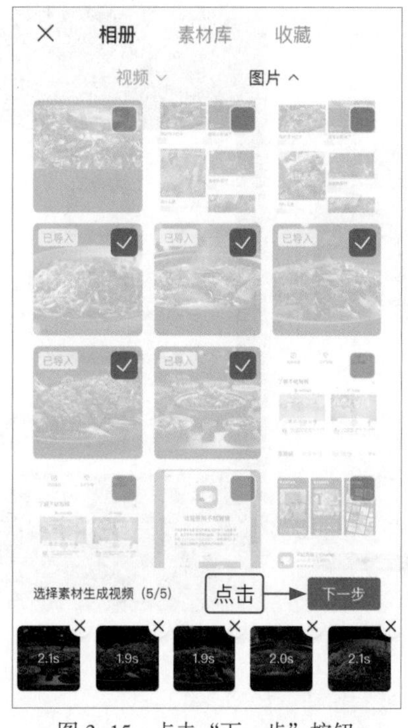

图 3-15　点击“下一步”按钮

图 3-16　查看生成的视频效果

实例 25　使用一帧秒创生成视频

效果展示 一帧秒创是一款专业的视频编辑工具，提供了丰富的视频剪辑功能和创意特效，让用户可以轻松制作精美的视频。使用一帧秒创的文字转视频功能生成的视频效果如图 3-17 所示。

图 3-17　使用一帧秒创文字转视频功能生成的视频效果

使用一帧秒创文字转视频功能生成视频的具体操作步骤如下。

步骤 01 在浏览器中打开搜索引擎（如百度），在输入框中输入“一帧秒创”，单击“百度一下”按钮，在搜索结果中，单击一帧秒创官网的链接，如图 3-18 所示。

步骤 02 进入一帧秒创的“首页”界面，单击“立即创作”按钮，如图 3-19 所示。

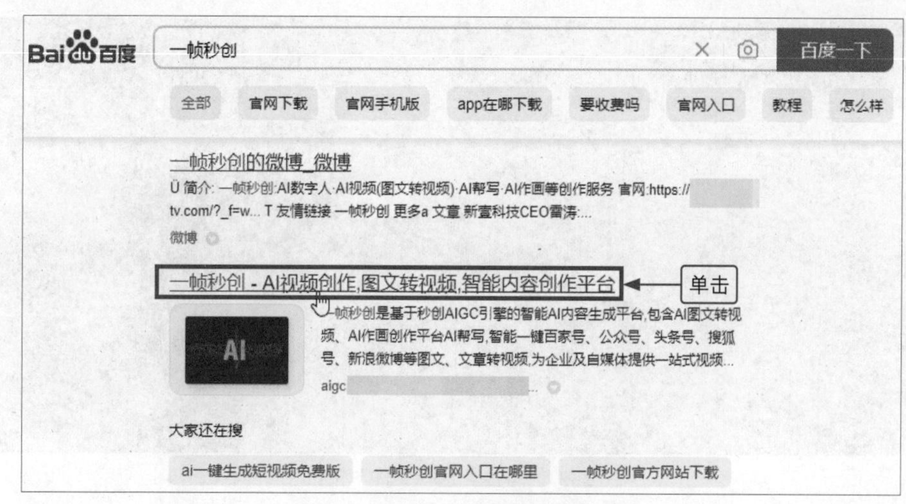

图 3-18 单击一帧秒创官网的链接

图 3-19 单击“立即创作”按钮

步骤 03 登录账号并进入一帧秒创的“首页”界面，单击“文字转视频”按钮，如图 3-20 所示。

图 3-20 单击“文字转视频”按钮

步骤 04 进入“图文转视频”界面，切换至“Word 导入”选项卡，单击“选择文件”按钮，如图 3-21 所示。

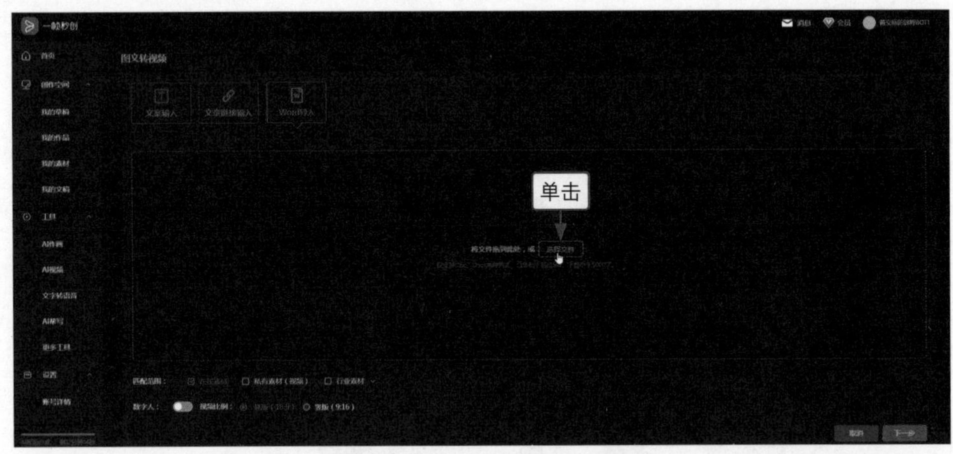

图 3-21　单击“选择文件”按钮

步骤 05　在弹出的“打开”对话框中选择需要上传的文件，单击“打开”按钮，如图 3-22 所示。

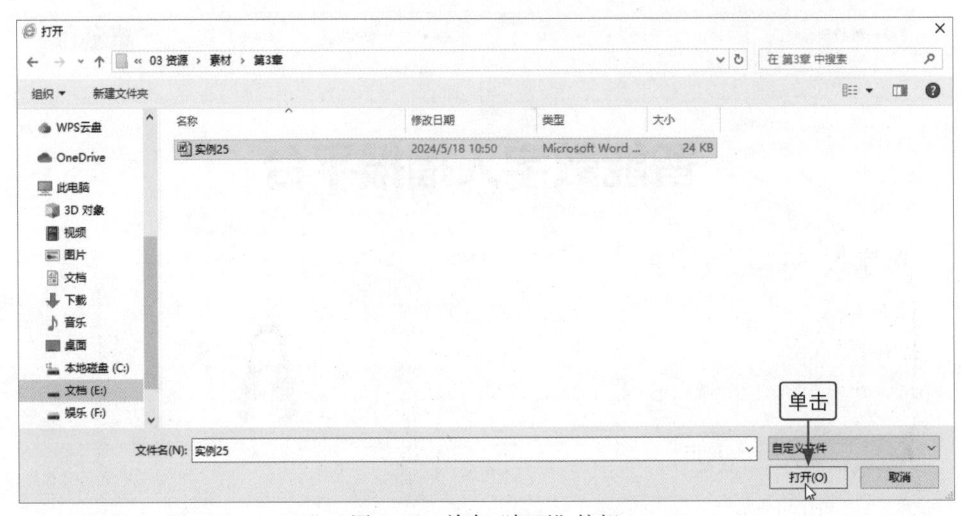

图 3-22　单击“打开”按钮

步骤 06　执行操作后，如果“图文转视频”界面中出现对应的文件，就说明文件上传成功了。文件上传成功后，单击“下一步”按钮，如图 3-23 所示。

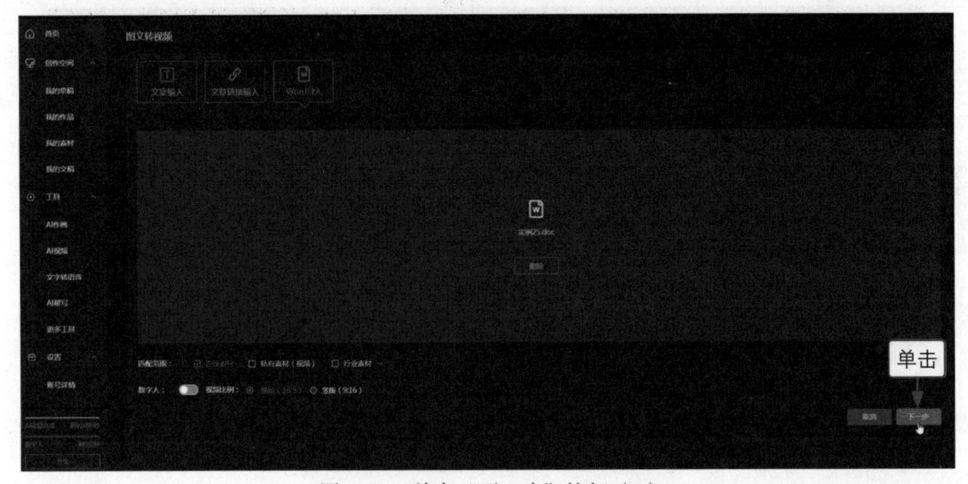

图 3-23　单击“下一步”按钮（1）

步骤 07 进入“编辑文稿”界面，系统会自动对文案进行分段，在生成视频时，每一段文案就对应一段素材，用户可以根据自身需求对文案进行调整，然后单击“下一步”按钮，如图 3-24 所示。

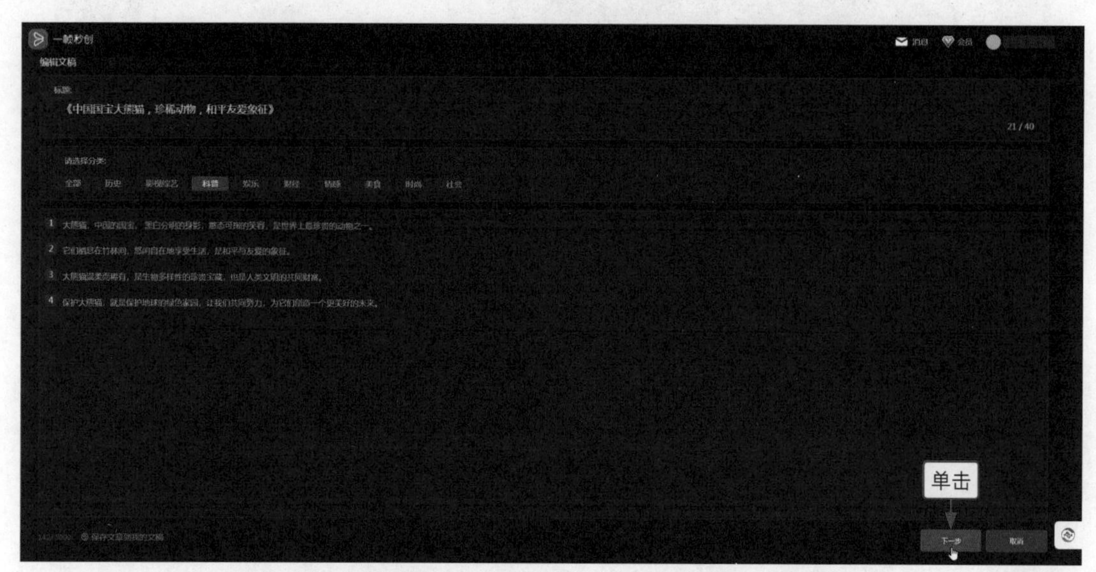

图 3-24 单击“下一步”按钮（2）

步骤 08 稍等片刻，即可进入视频的编辑界面，查看系统自动生成的视频效果，如图 3-25 所示。

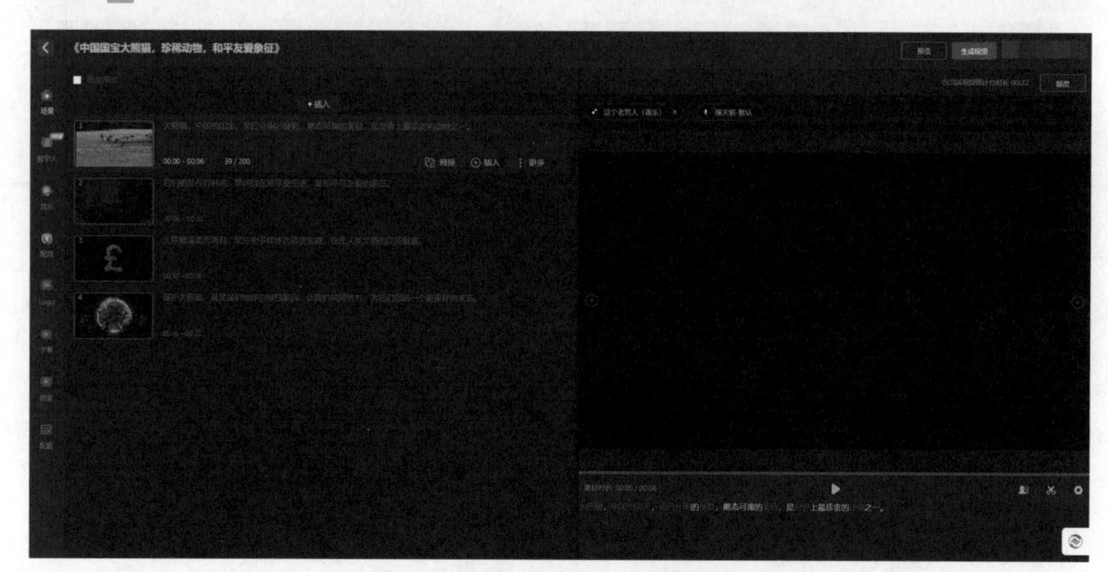

图 3-25 查看系统自动生成的视频效果

AI 工具生成的内容具有一定的随机性，即便是输入相同的提示词或文件，生成的图片或视频也会具有一定的差异。用户在使用 AI 工具生成内容时，可以进行多次生成，从中选择相对合适的内容。

步骤 09 如果对自动生成的视频不满意，可以对视频的素材进行替换（视频素材替换的具体操作，请参考 4.1 小节实例 33），效果如图 3-26 所示。

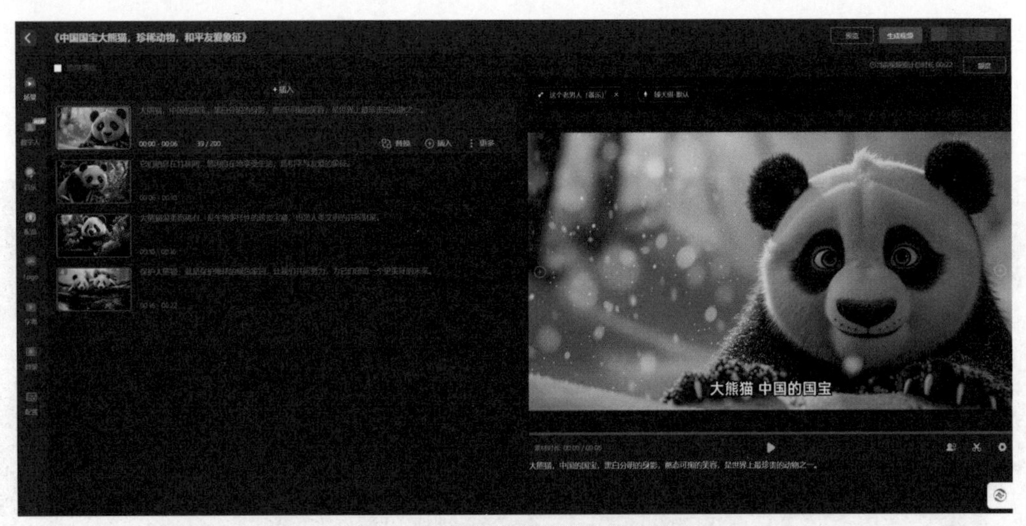

图 3-26 视频素材替换后的效果

实例 26 使用 Pika 生成视频

效果展示 Pika 是一款简单易用的 AI 视频制作工具，用户只需输入文字或上传图片、视频素材，即可快速生成视频，效果如图 3-27 所示。

图 3-27 使用 Pika 生成的视频效果

使用 Pika 生成视频的具体操作步骤如下。

步骤 01 在浏览器中打开搜索引擎（如谷歌），在输入框中输入“Pika”，按【Enter】键确认，在搜索结果中，单击 Pika 官网的链接，如图 3-28 所示。

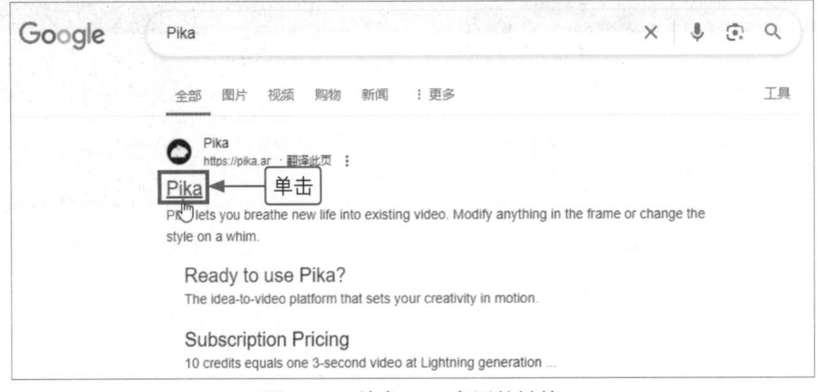

图 3-28 单击 Pika 官网的链接

步骤 02　进入 Pika 的默认界面，单击界面中的“Try Pika”（尝试使用 Pika）按钮，如图 3-29 所示。

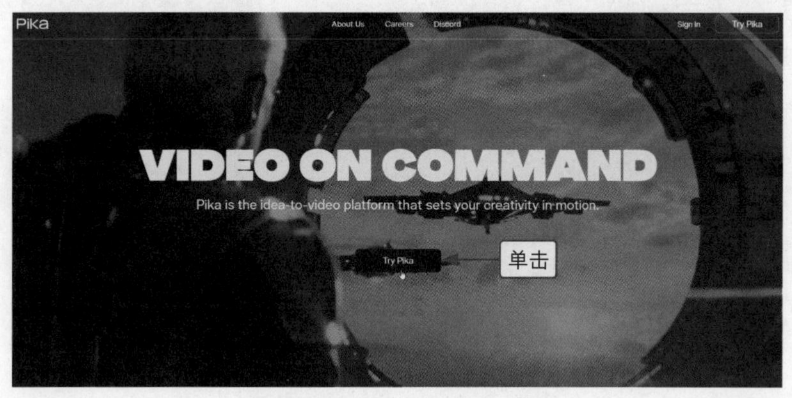

图 3-29　单击“Try Pika”按钮

步骤 03　进入 Pika 的“Explore”（探索）界面，单击界面中的“Image or video”（图像或视频）按钮，如图 3-30 所示。

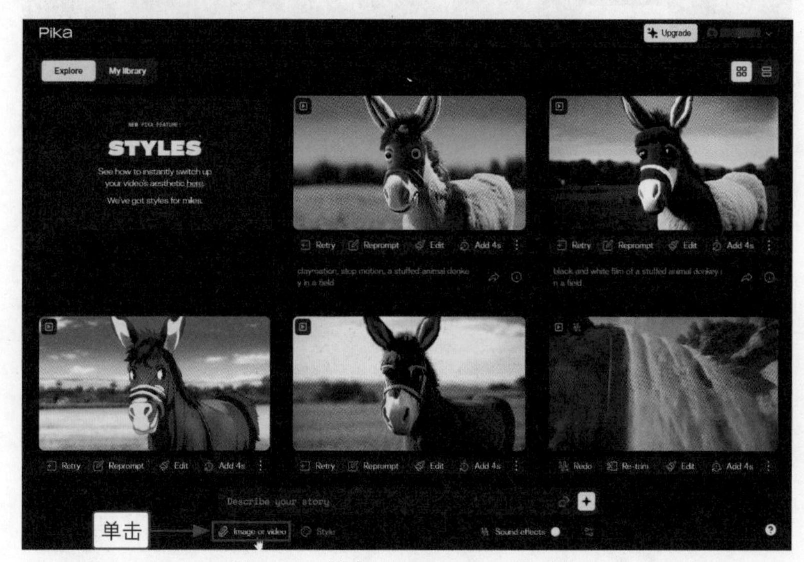

图 3-30　单击“Image or video”按钮

步骤 04　弹出“打开”对话框，在该对话框中选择需要上传的图片素材，单击“打开”按钮，如图 3-31 所示。

图 3-31　单击“打开”按钮

步骤 05 执行操作后，如果“Image or video”按钮的上方出现对应的图片，就说明图片素材上传成功了。单击✦按钮（鼠标指针放置在该按钮上，该按钮会发生变化），如图 3–32 所示，生成视频。

图 3–32 单击✦按钮

步骤 06 执行操作后，会自动跳转至“My library”（我的图书馆）界面，如果该界面中显示对应的视频封面，就说明视频生成成功了，如图 3–33 所示。

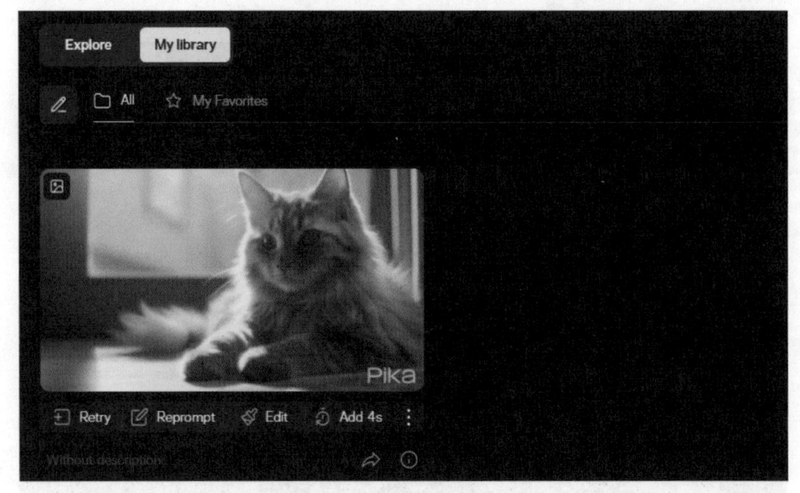

图 3–33 视频生成成功

实例 27 使用 Runway 生成视频

效果展示 Runway 是一款简单、易用的 AI 视频制作工具，用户使用电子邮箱注册账号之后，只需使用文字或图片，即可生成视频，效果如图 3–34 所示。

使用 Runway 生成视频的具体操作步骤如下。

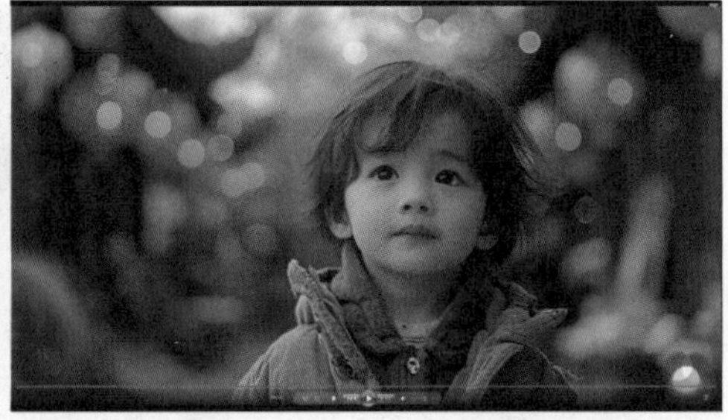

图 3–34 使用 Runway 生成的视频效果

步骤 01　在浏览器中打开搜索引擎（如谷歌），在输入框中输入“Runway”，按【Enter】键确认，在搜索结果中，单击 Runway 官网的链接，如图 3-35 所示。

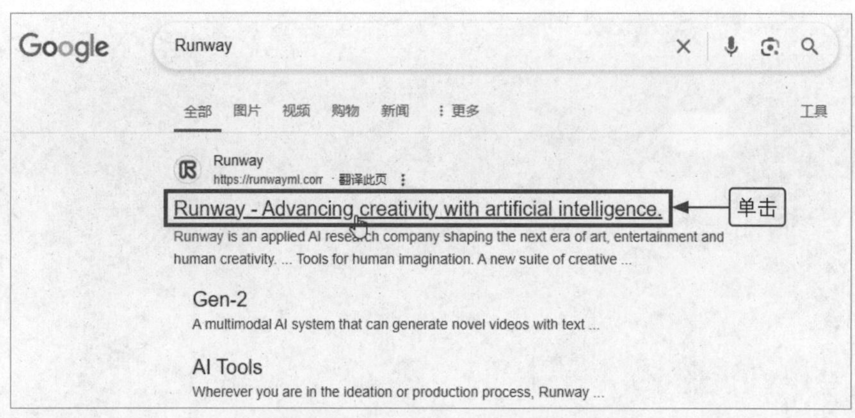

图 3-35　单击 Runway 官网的链接

步骤 02　进入 Runway 的默认界面，单击界面中的“LOG IN”（登录）按钮，如图 3-36 所示，并根据提示输入账号和密码。

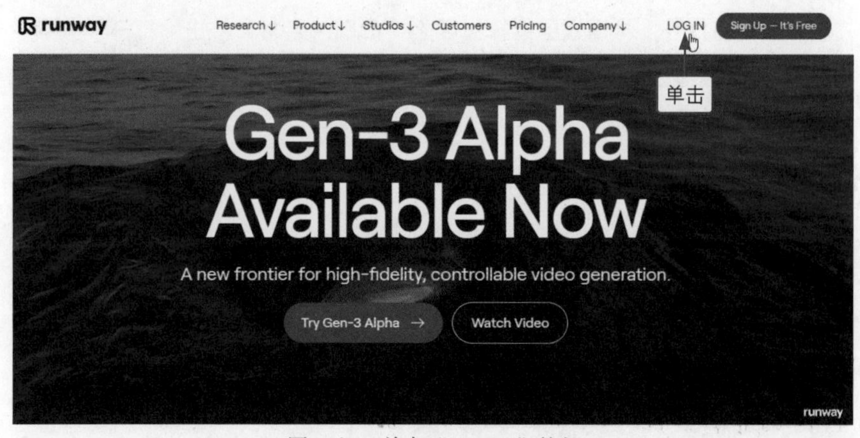

图 3-36　单击“LOG IN”按钮

步骤 03　登录 Runway 账号，单击“Home”（主页）界面中的“Get started”（开始）按钮，如图 3-37 所示。

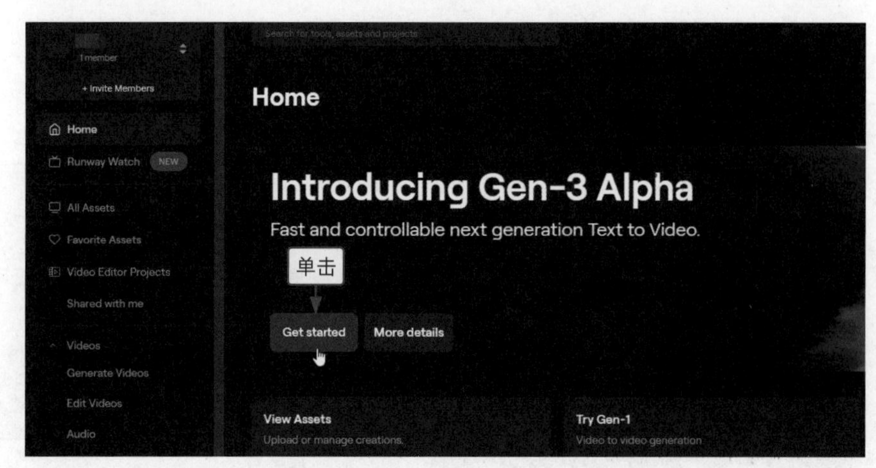

图 3-37　单击“Get started”按钮

步骤 04 执行操作后，进入“Gen-2”（第二代系统）界面，单击按钮，如图 3-38 所示，上传图片素材。

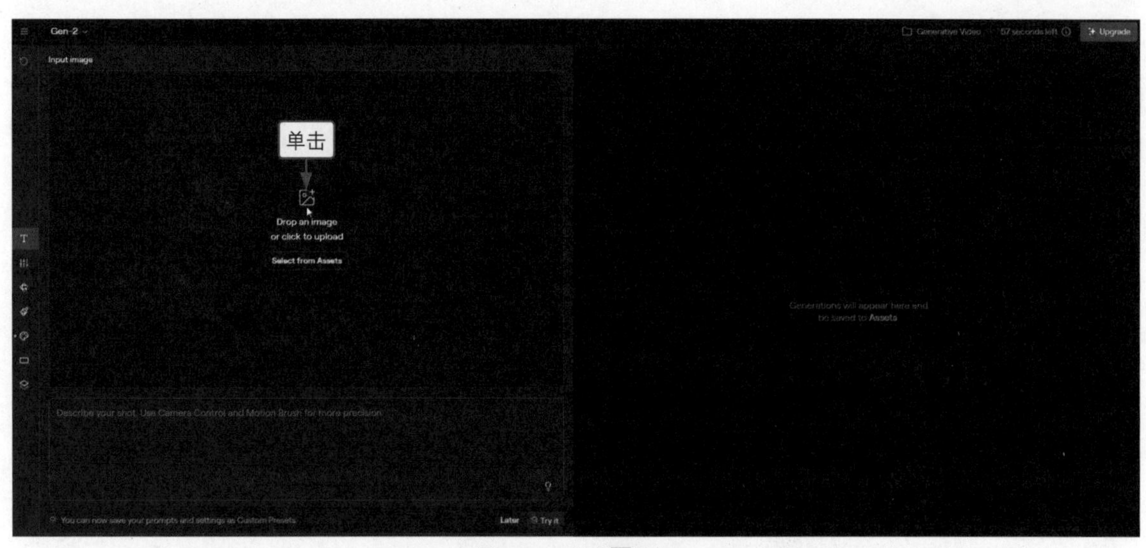

图 3-38 单击按钮

步骤 05 在弹出的“打开”对话框中选择需要上传的图片素材，单击“打开”按钮，如图 3-39 所示，将图片素材上传至 Runway 中。

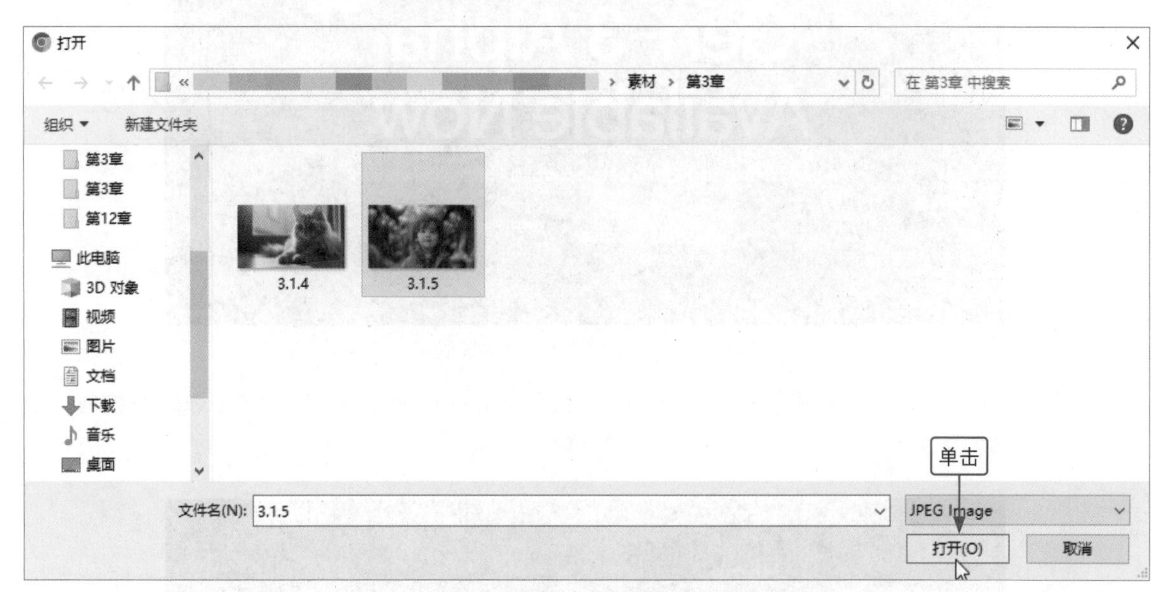

图 3-39 单击“打开”按钮

步骤 06 执行操作后，如果“Gen-2”界面中出现刚刚选择的图片素材，就说明该图片素材上传成功了。单击“Generate 4s”（生成 4 秒的视频）按钮，如图 3-40 所示。

步骤 07 执行操作后，如果“Gen-2”界面的右侧显示视频内容，就说明视频生成成功了，如图 3-41 所示。

图 3-40　单击“Generate 4s”按钮

图 3-41　视频生成成功

3.2 AI视频生成的操作技巧

AI 视频的生成是有技巧的，如果用户能够掌握相关的技巧，就能又好又快地制作出视频素材。这一节就以 Runway 为例，为大家讲解 AI 视频生成的操作技巧。

实例 28　在 Runway 中输入文字生成视频

效果展示　在 Runway 中只需简单输入一些文字（即提示词），即可生成一条视频，效果如图 3-42 所示。

图 3-42　在 Runway 中输入文字生成的视频效果

当然，在 Runway 中输入文字生成视频之前，需要先注册和登录账号。下面就来讲解在 Runway 中注册和登录账号，并输入文字生成视频的具体操作步骤。

步骤 01　进入 Runway 官网的默认界面，单击“Sign Up-It's Free”(免费注册)按钮，如图 3-43 所示。

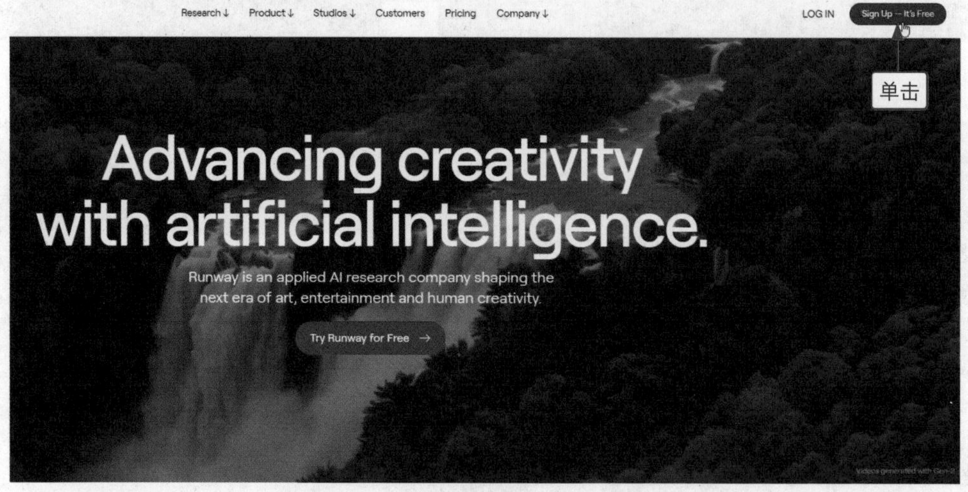

图 3-43　单击“Sign Up-It's Free”按钮

步骤 02　进入“Create an account”(创建一个账号)界面，在该界面中输入电子邮箱，单击“Next”(下一步)按钮，如图 3-44 所示。

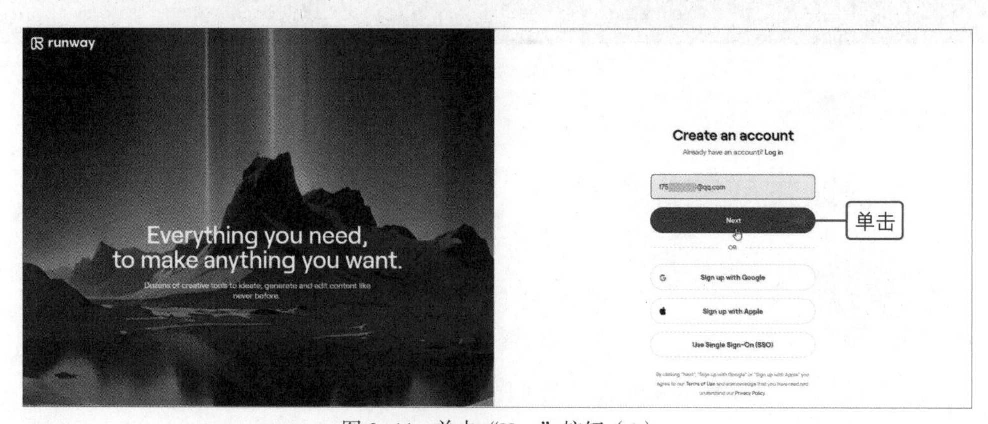

图 3-44　单击“Next”按钮（1）

步骤 03　在新跳转的界面中输入用户名和密码，并确认密码，单击“Next”按钮，如图 3-45 所示。

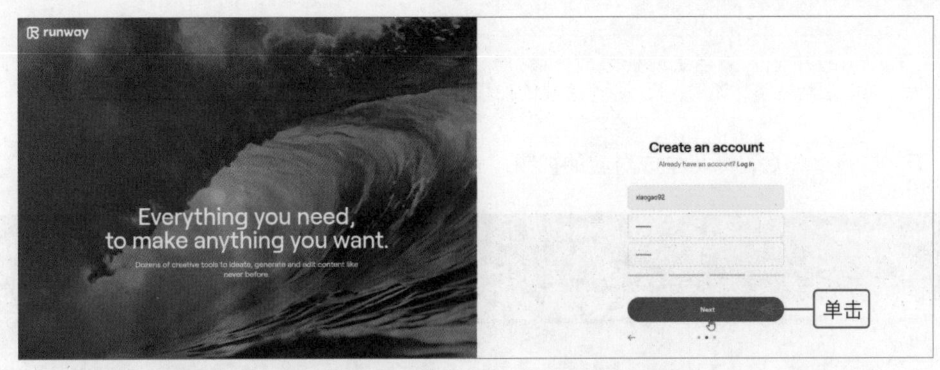

图 3-45 单击“Next”按钮（2）

步骤 04 在新跳转的界面中输入自己的名和姓（组织内容可选填），并确认密码，单击“Create Account”（创建账号）按钮，如图 3-46 所示。

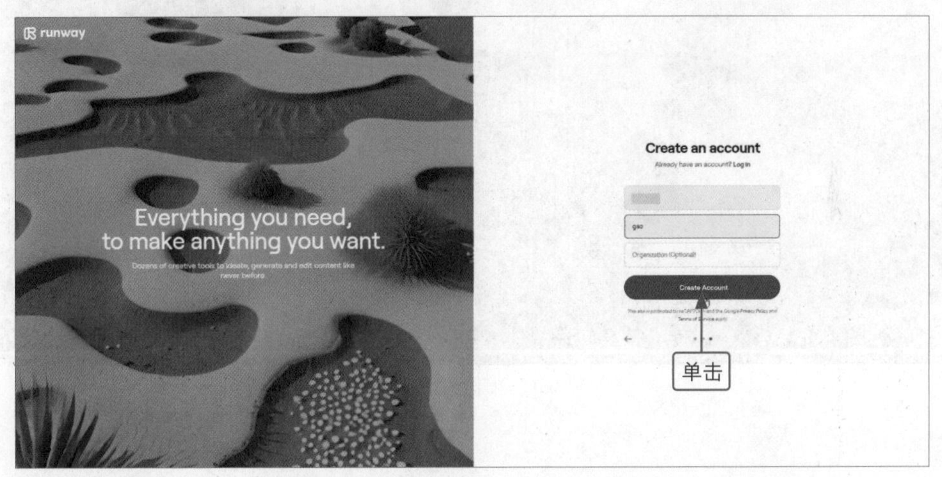

图 3-46 单击“Create Account”按钮

步骤 05 执行操作后，Runway 会对注册信息进行验证，验证完成后，单击 Runway 官网默认界面中的“LOG IN”按钮，并输入账号和密码，即可登录 Runway 账号。

步骤 06 进入 Runway 的“Gen-2”界面，在左侧的输入框中输入提示词，单击“Generate 4s”按钮，如图 3-47 所示。

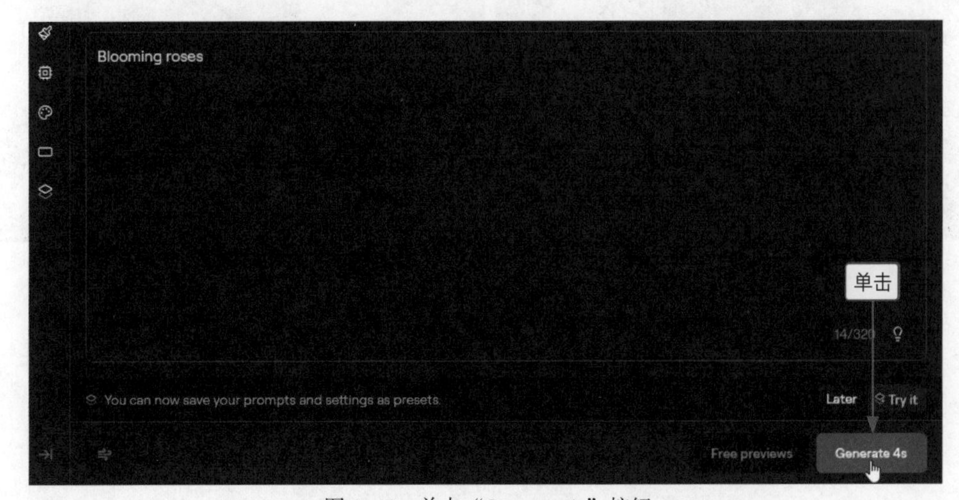

图 3-47 单击“Generate 4s”按钮

在 Runway 中输入文字生成视频时，最好输入英文词汇和字符。如果输入的是中文词汇和字符，Runway 可能理解不了。这时，Runway 生成的视频很可能与用户的需求不一致。

步骤 07　执行操作后，即可生成对应的视频，如图 3-48 所示。

图 3-48　生成对应的视频

实例 29　在 Runway 中上传图片生成视频

效果展示　在 Runway 中，用户可以上传图片，让 Runway 参照该图片生成视频，效果如图 3-49 所示。

图 3-49　在 Runway 中上传图片生成的视频效果

在 Runway 中上传图片生成视频的具体操作步骤如下。

步骤 01　进入 Runway 的“Gen-2”界面，上传图片，并单击“Generate 4s”按钮，如图 3-50 所示。

图 3-50　单击“Generate 4s”按钮

步骤 02　执行操作后，即可生成对应的视频，如图 3-51 所示。

图 3-51　生成对应的视频

实例 30　在 Runway 中延长视频的时间

效果展示　Runway 默认生成的是 4 秒的视频，如果用户觉得 4 秒太短了，可以延长视频的时间，效果如图 3-52 所示。

在 Runway 中延长视频时间的具体操作步骤如下。

步骤 01　进入 Runway 的“Gen-2”界面，单击生成的视频下方的“Extend”（延长）按钮，如图 3-53 所示。

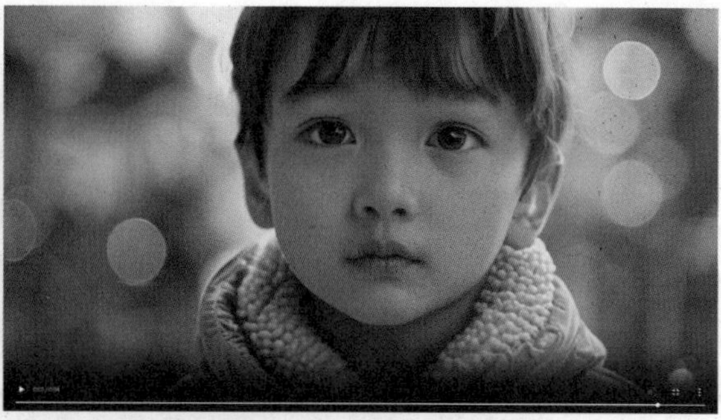

图 3-52　在 Runway 中延长视频时间的效果

图 3-53　单击“Extend”按钮

步骤 02　“Gen-2”界面的左侧会出现延长视频时间的相关信息，用户可以在此处设置视频的延长信息，单击“Extend 4s”按钮，如图 3-54 所示。

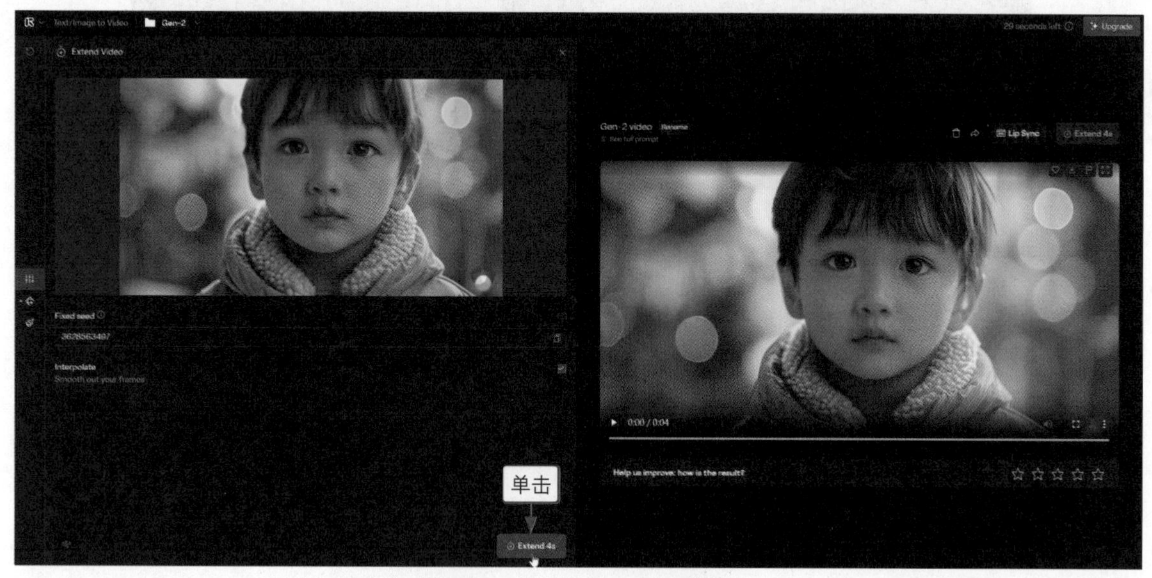

图 3-54　单击“Extend 4s”按钮

步骤 03 执行操作后，即可生成对应的视频，如图 3-55 所示。

图 3-55 生成对应的视频

实例 31 在 Runway 中重新生成视频

效果展示 如果对 Runway 生成的视频不满意，可以重新生成一条视频，效果如图 3-56 所示。

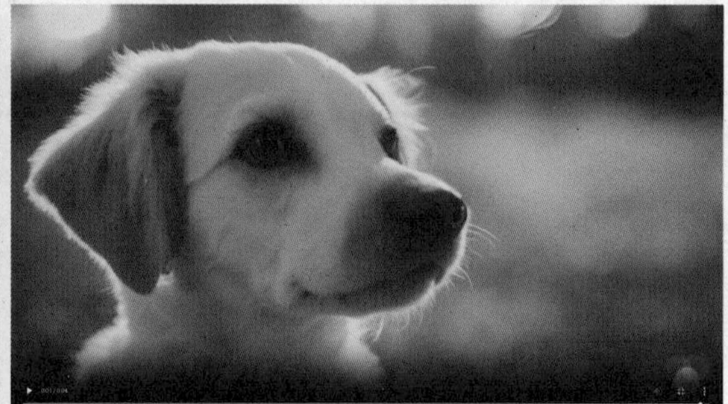

图 3-56 在 Runway 中重新生成视频的效果

在 Runway 中重新生成视频的具体操作步骤如下。

步骤 01 进入 Runway 的“Gen-2”界面，在左侧的输入框中输入提示词，单击“Generate 4s”按钮，如图 3-57 所示。

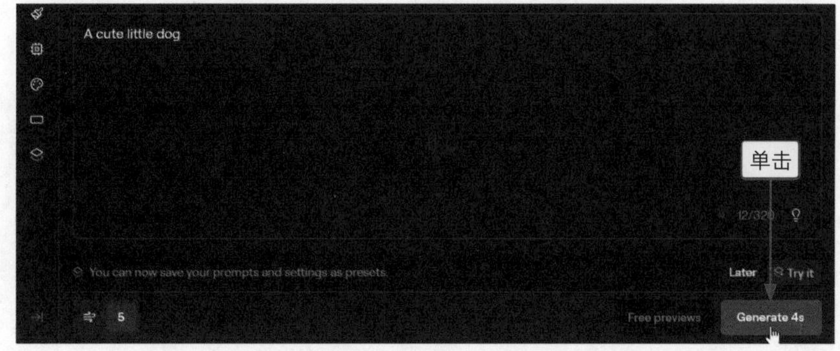

图 3-57 单击“Generate 4s”按钮（1）

步骤 02　执行操作后，会生成一条视频，再次单击"Generate 4s"按钮，如图 3-58 所示。

图 3-58　单击"Generate 4s"按钮（2）

步骤 03　如果"Gen-2"界面的右侧出现一条新的视频，就说明重新生成视频成功了，如图 3-59 所示。

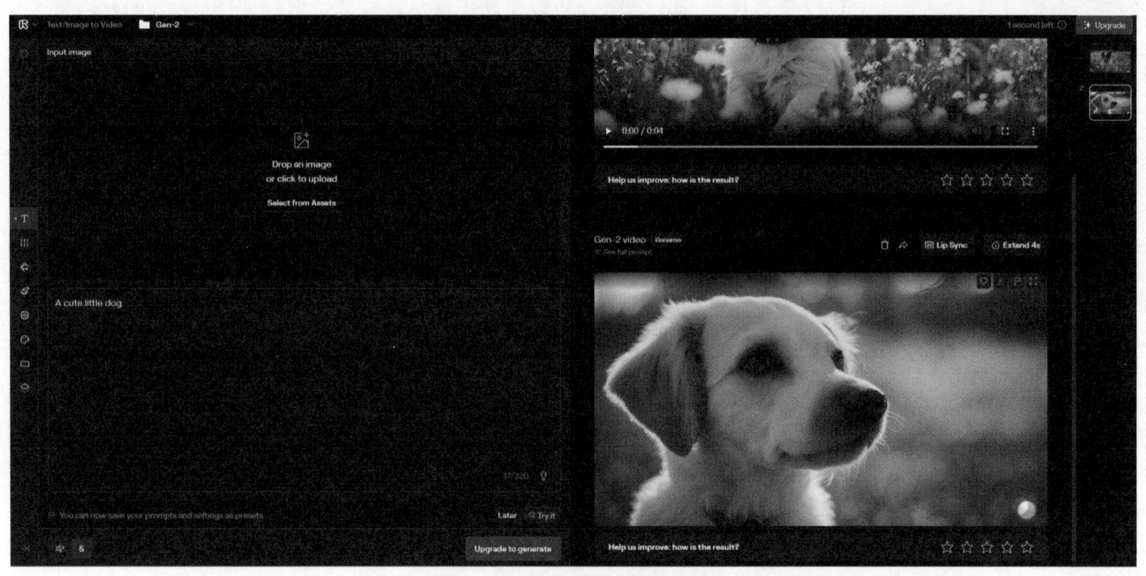

图 3-59　重新生成视频成功

第 4 章 使用文案制作 AI 短视频

在 AI 短视频制作工具中，用户可以通过多种方式制作短视频，其中比较常见的一种方式就是输入文案内容，让 AI 短视频制作工具据此生成对应的短视频。如果对生成的短视频不太满意，用户还可以通过替换素材等操作，提升短视频的美观度。本章将以一帧秒创、腾讯智影和 Dreamina 为例，讲解使用文案制作 AI 短视频的操作技巧。

4.1 使用一帧秒创图文转视频功能生成短视频

效果展示 在一帧秒创平台中，用户可以借助"图文转视频"功能快速生成一条短视频，效果如图 4-1 所示。另外，如果用户对短视频效果有自己的想法，还可以对短视频的素材进行替换，让短视频更符合自己的需求。

图 4-1 使用一帧秒创"图文转视频"功能生成的短视频效果

实例 32 使用一帧秒创生成短视频的雏形

借助一帧秒创的"图文转视频"功能，用户只需输入文案内容，便可以快速生成短视频的雏形，下面就来介绍具体的操作步骤。

步骤 01 登录账号并进入一帧秒创的"首页"界面，单击"图文转视频"面板中的"去创作"按钮，如图 4-2 所示。

图 4-2 单击"去创作"按钮

步骤 02 进入“图文转视频”界面，在输入框中输入短视频的文案内容，单击“下一步”按钮，如图 4-3 所示。

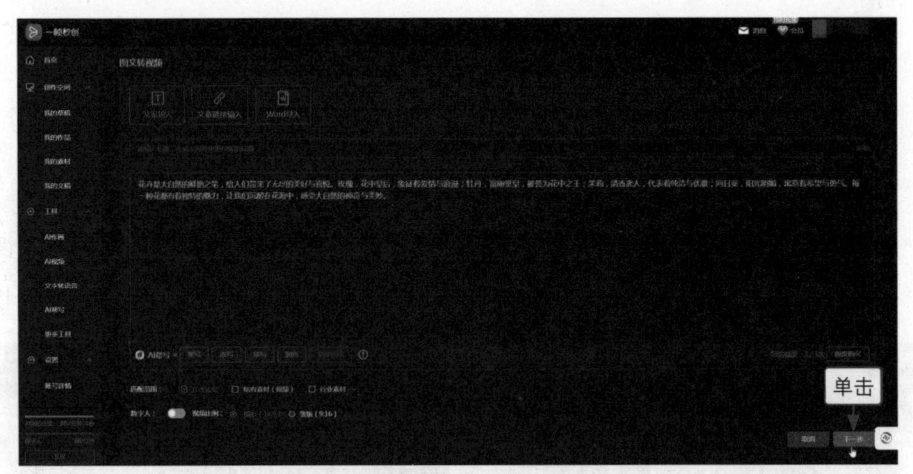

图 4-3 单击“下一步”按钮（1）

步骤 03 进入“编辑文稿”界面，系统会自动对文案进行分段，用户可以根据自身需求对文案进行调整，单击“下一步”按钮，如图 4-4 所示，即可开始生成短视频。

图 4-4 单击“下一步”按钮（2）

步骤 04 稍等片刻，即可在新跳转的界面中查看自动生成的短视频雏形，如图 4-5 所示。

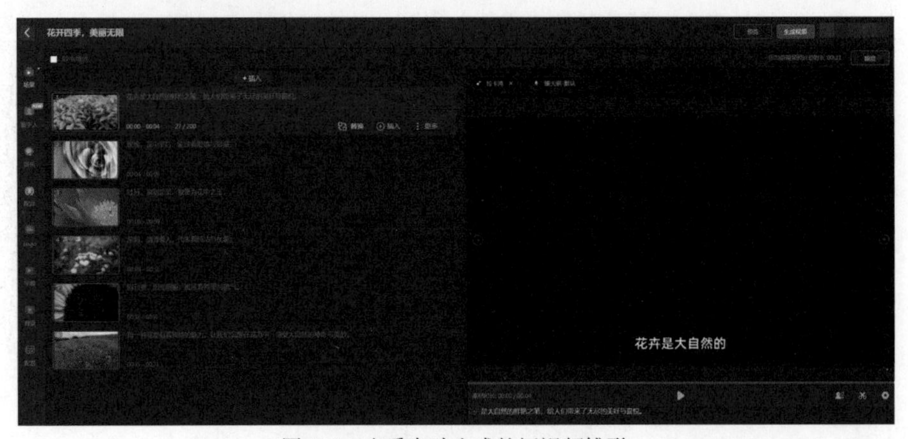

图 4-5 查看自动生成的短视频雏形

实例33　在一帧秒创中替换短视频的素材

有时候，一帧秒创生成的短视频效果不太好，用户便可以替换其中不合适的素材，提升整个短视频的效果。那么，如何在一帧秒创中替换短视频的素材呢？下面就来为大家讲解具体的操作方法。

步骤 01　选择不合适的素材，单击“替换”按钮，如图4-6所示。

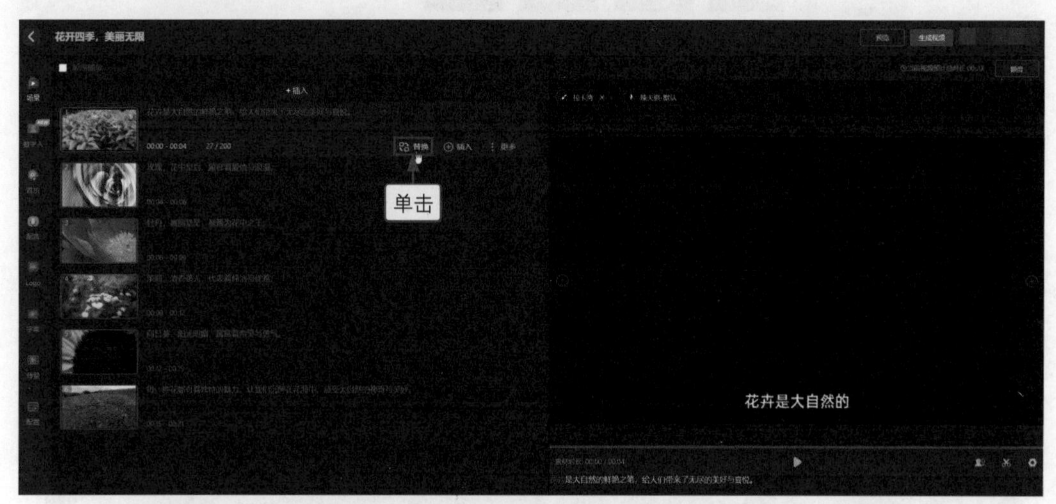

图4-6　单击“替换”按钮

步骤 02　执行操作后，弹出相应对话框，用户可以选择在线素材、账号上传的素材、AI作画、表情包素材、最近使用的素材或收藏的素材进行替换，还可以上传本地素材。以上传本地素材为例，单击“本地上传”按钮，如图4-7所示。

图4-7　单击“本地上传”按钮

步骤 03　在弹出的“打开”对话框中选择需要进行替换的素材，单击“打开”按钮，如图4-8所示。

步骤 04　自动跳转至“我的素材”选项卡，在该选项卡中选择刚刚上传的素材，单击“使用”按钮，如图4-9所示。

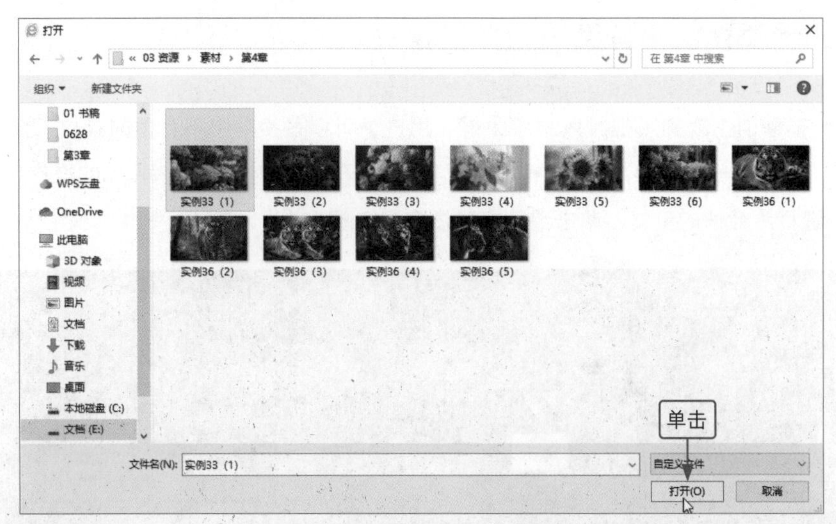

图 4–8　单击“打开”按钮

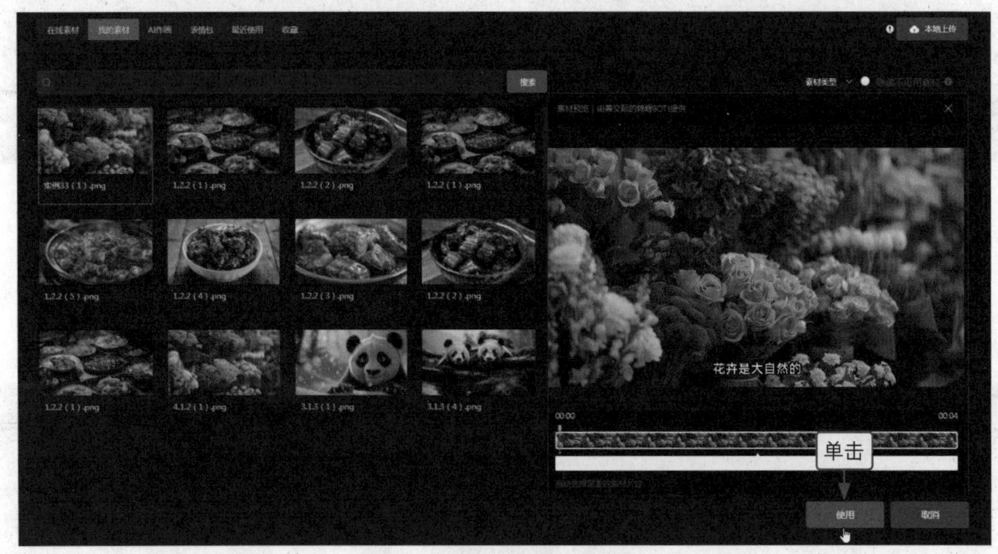

图 4–9　单击“使用”按钮

步骤 05　执行操作后，即可完成对短视频素材的替换，如图 4–10 所示。

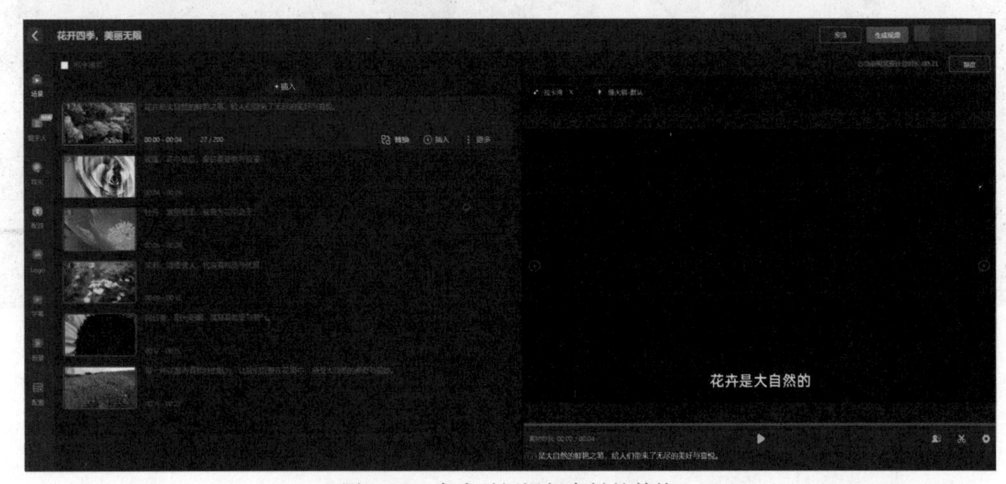

图 4–10　完成对短视频素材的替换

步骤 06　使用同样的方法，替换其他不合适的素材，效果如图 4-11 所示。

图 4-11　替换其他不合适的素材的效果

除了替换短视频素材，用户还可以在一帧秒创中进行插入文本、插入素材、调整读音和删除短视频素材等操作。

实例 34　在一帧秒创中预览并导出短视频

将不适合的短视频素材替换之后，基本就完成了短视频的制作。短视频制作完成后，用户可以预览短视频的效果，并将短视频导出备用，下面介绍具体的操作方法。

步骤 01　单击短视频生成界面右上方的“预览”按钮，如图 4-12 所示。

图 4-12　单击“预览”按钮

步骤 02　执行操作后，即可在弹出的“预览”对话框中查看短视频的效果，如图 4-13 所示。

步骤 03　如果用户对短视频的效果比较满意，可以单击短视频生成界面中的“生成视频”按钮，如图 4-14 所示，生成短视频。

图 4-13　查看短视频的效果

图 4-14　单击“生成视频”按钮（1）

步骤 04　进入“生成视频”界面，在该界面中设置短视频的标题，单击“生成视频”按钮，如图 4-15 所示。

图 4-15　单击“生成视频”按钮（2）

步骤 05 执行操作后，会跳转至“我的作品”界面。如果用户要将短视频保存至电脑中，只需单击“我的作品”界面中对应短视频封面下方的“下载视频”按钮，如图 4–16 所示，将短视频下载并保存即可。

图 4–16　单击“下载视频”按钮

4.2 使用腾讯智影文章转视频功能生成短视频

效果展示 在腾讯智影平台中，用户可以借助“文章转视频”功能直接生成一条短视频，效果如图 4–17 所示。

图 4–17　使用腾讯智影“文章转视频”功能生成的短视频效果

实例 35　使用腾讯智影生成短视频的雏形

借助腾讯智影的“文章转视频”功能，用户可以输入文案并生成短视频的雏形，下面就来介绍具体的操作步骤。

步骤 01　在浏览器中打开搜索引擎（如 360 搜索），在输入框中输入“腾讯智影”，单击“搜索”按钮，在搜索结果中，单击腾讯智影官网的链接，如图 4-18 所示。

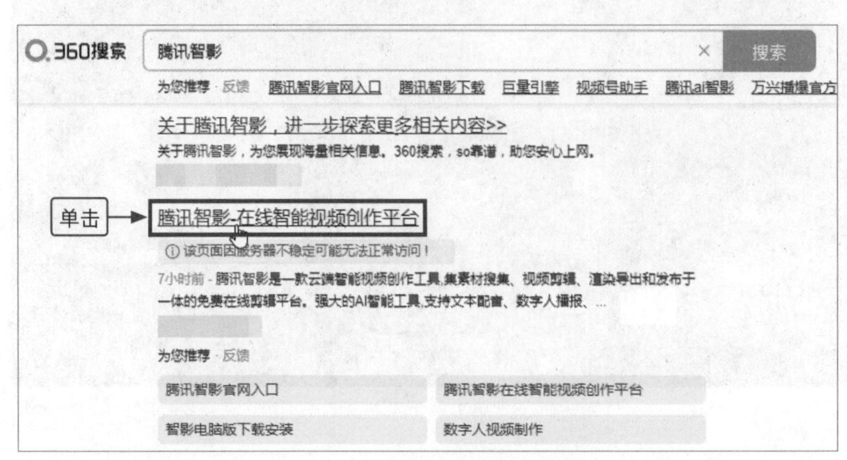

图 4-18　单击腾讯智影官网的链接

步骤 02　进入腾讯智影官网的默认界面，单击界面右上方的“登录”按钮，如图 4-19 所示。

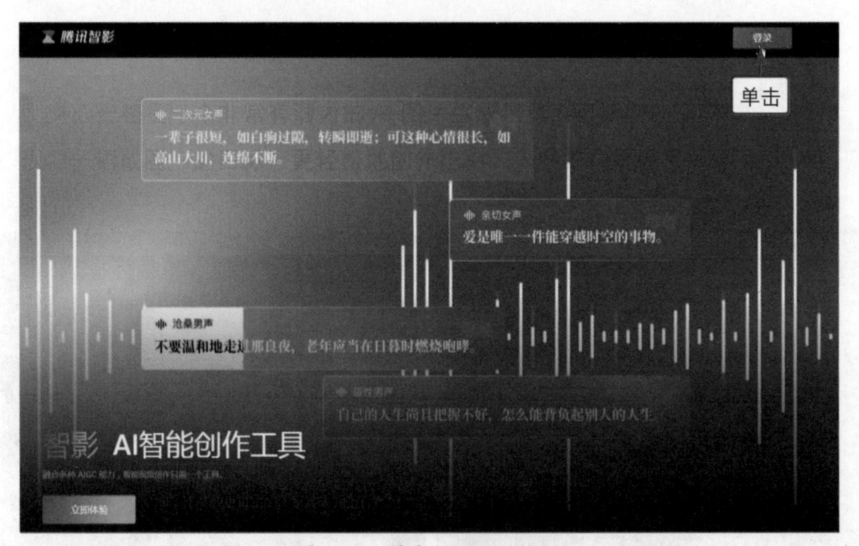

图 4-19　单击“登录”按钮

步骤 03　在弹出的对话框中，根据提示进行操作，即可注册或登录账号，并进入腾讯智影的“创作空间”界面，单击界面中的“文章转视频”按钮，如图 4-20 所示。

步骤 04　进入“文章转视频”界面，在文本框中输入文案内容，并设置短视频的生成信息，如设置“成片类型”为“解压类视频”、“视频比例”为“横屏”、“朗读音色”为“康哥”，单击“生成视频”按钮，如图 4-21 所示，即可开始生成短视频。

步骤 05　执行操作后，会弹出一个对话框，该对话框中会显示短视频剪辑生成的进度，如图 4-22 所示，用户只需等待短视频生成即可。

图 4-20　单击“文章转视频”按钮

图 4-21　单击“生成视频”按钮

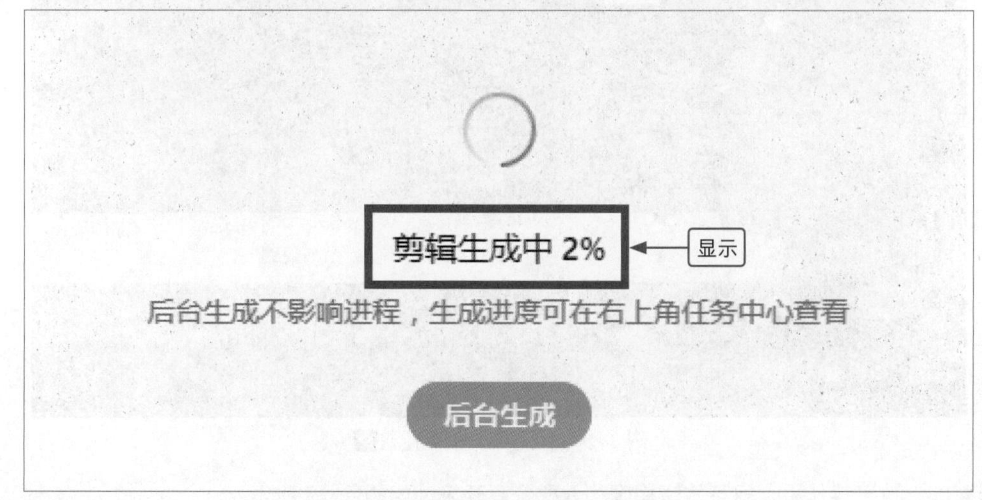

图 4-22　显示短视频剪辑生成的进度

步骤 06　稍等片刻，即可进入短视频编辑界面，查看生成的短视频雏形，如图 4-23 所示。

图 4-23　查看生成的短视频雏形

实例 36　在腾讯智影中替换短视频的素材

从图 4-23 中可以看出，虽然腾讯智影生成的短视频各项要素都很齐全，但是部分素材与文案内容却不太匹配。对此，用户可以将这些不匹配的素材替换，具体操作步骤如下。

步骤 01　在腾讯智影中用文案生成的短视频的所有素材都连在一起，为了便于替换素材，用户需要先将短视频的素材分割开来。将时间轴拖曳至需要分割的位置，单击“分割”按钮，如图 4-24 所示。

图 4-24　单击“分割”按钮

步骤 02　执行操作后，即可将短视频的素材分割开来，如图 4-25 所示。

步骤 03　使用同样的方法，将短视频的其他素材也分割开来，如图 4-26 所示。

步骤 04　进入短视频编辑界面，单击“当前使用”选项卡中的“本地上传”按钮，如图 4-27 所示。

图 4-25　将短视频的素材分割开来

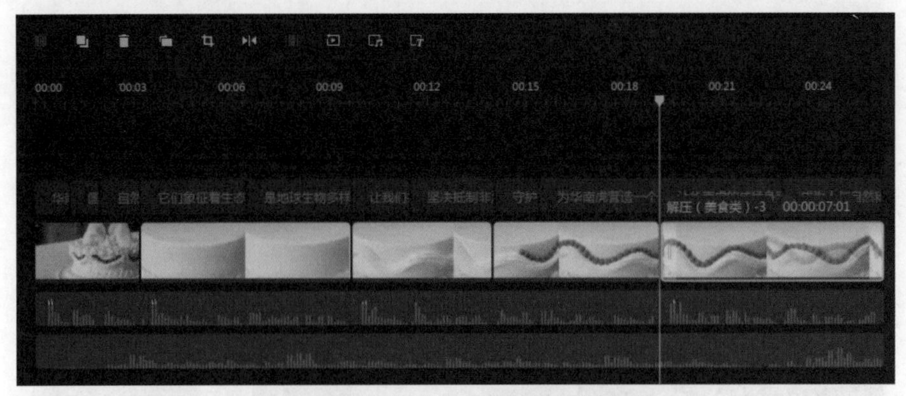

图 4-26　将短视频的其他素材也分割开来

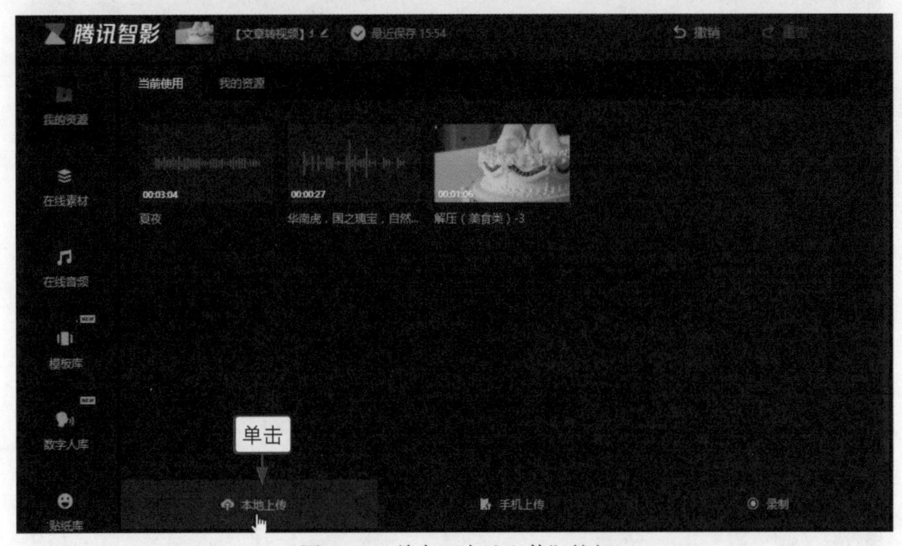

图 4-27　单击“本地上传”按钮

步骤 05　执行操作后，弹出“打开”对话框，选择要上传的所有素材，单击“打开”按钮，如图 4-28 所示。

步骤 06　执行操作后，如果“当前使用”选项卡中显示刚刚选择的素材，就说明这些素材上传成功了，如图 4-29 所示。

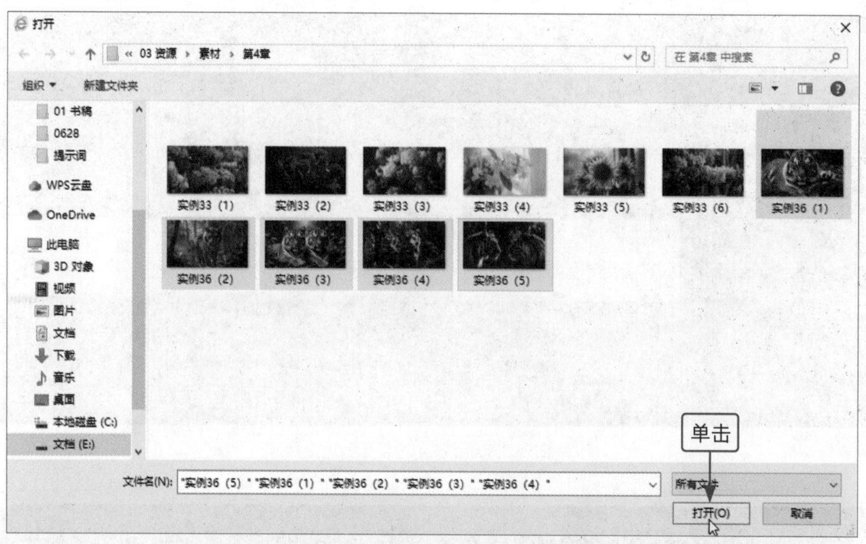

图 4–28　单击“打开”按钮

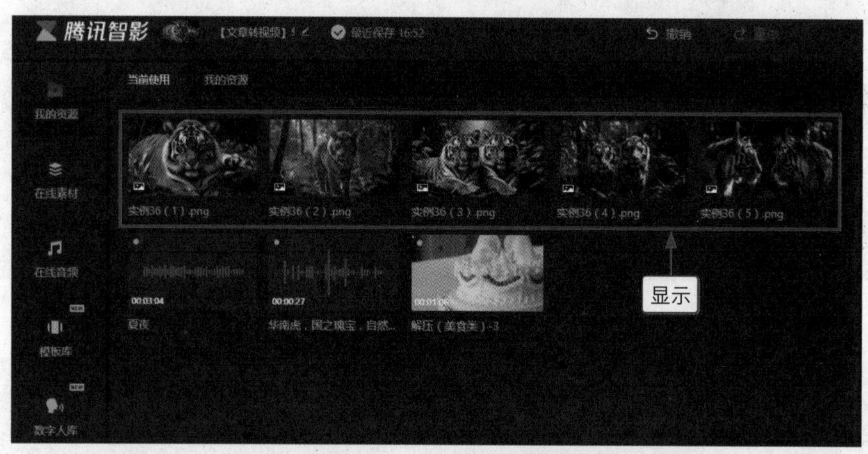

图 4–29　素材上传成功

步骤 07　素材上传完成后，即可进行替换，在视频轨道的第一段素材上单击“替换素材”按钮，如图 4–30 所示。

图 4–30　单击“替换素材”按钮

步骤 08　弹出“替换素材”对话框，在“我的资源”选项卡中选择要替换的素材，如图 4–31 所示。

图 4-31 选择要替换的素材

步骤 09 执行操作后，即可预览素材的效果，单击“替换”按钮，如图 4-32 所示，替换素材。

步骤 10 如果对应视频轨道中显示刚刚选择的素材，就说明素材替换成功了，如图 4-33 所示。

图 4-32 单击“替换”按钮

图 4-33 素材替换成功

步骤 11 使用同样的方法，将素材按顺序进行替换，效果如图 4-34 所示，即可完成短视频的制作。

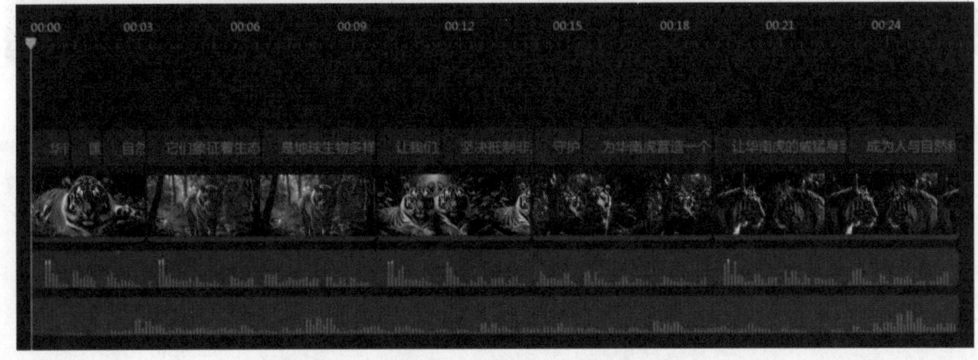

图 4-34 将素材按顺序进行替换的效果

实例 37　在腾讯智影中合成并导出短视频

在腾讯智影中制作好短视频之后，用户可以将短视频合成并导出，下面就来介绍具体的操作方法。

步骤 01　单击短视频编辑界面上方的“合成”按钮，如图 4-35 所示。

图 4-35　单击“合成”按钮（1）

步骤 02　在弹出的“合成设置”对话框中，设置短视频的名称和分辨率，单击“合成”按钮，如图 4-36 所示。

图 4-36　单击“合成”按钮（2）

步骤 03　执行操作后，会自动跳转至“我的资源”界面，并对短视频进行合成。短视频合成之后，单击该短视频的封面，如图 4-37 所示。即可进入短视频预览界面，查看短视频的效果。

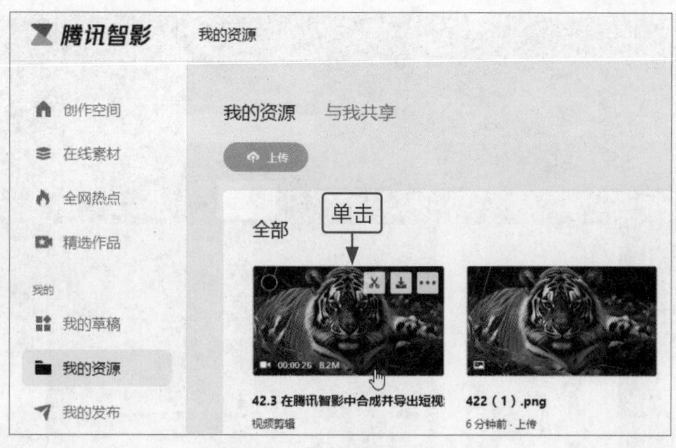

图 4-37　单击短视频的封面

4.3 使用Dreamina文本生视频功能生成短视频

效果展示 在剪映的 Dreamina 平台中，用户可以借助“文本生视频”功能直接生成一条 3 秒的短视频，效果如图 4-38 所示。

图 4-38　使用 Dreamina “文本生视频” 功能生成的短视频效果

实例 38　使用 Dreamina 输入文本内容

借助 Dreamina 的 “文本生视频” 功能，用户只需输入文本内容（即提示词），便可以快速生成短视频。下面就来介绍使用 Dreamina 输入文本内容的具体操作步骤。

步骤 01 进入 Dreamina 官网的 “首页” 界面，在 “AI 视频” 面板中，单击 “视频生成” 按钮，如图 4-39 所示。

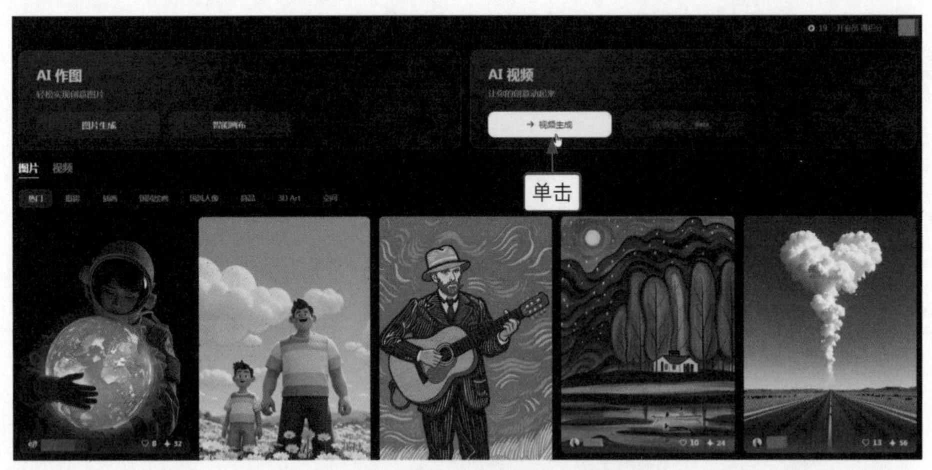

图 4-39　单击"视频生成"按钮

步骤 02　进入"视频生成"界面，单击"文本生视频"按钮，如图 4-40 所示，切换选项卡。

图 4-40　单击"文本生视频"按钮

步骤 03　执行操作后，切换至"文本生视频"选项卡，单击该选项卡中的输入框，如图 4-41 所示。

步骤 04　在输入框中根据自身需求输入提示词，如图 4-42 所示，即可完成短视频文本内容的输入。

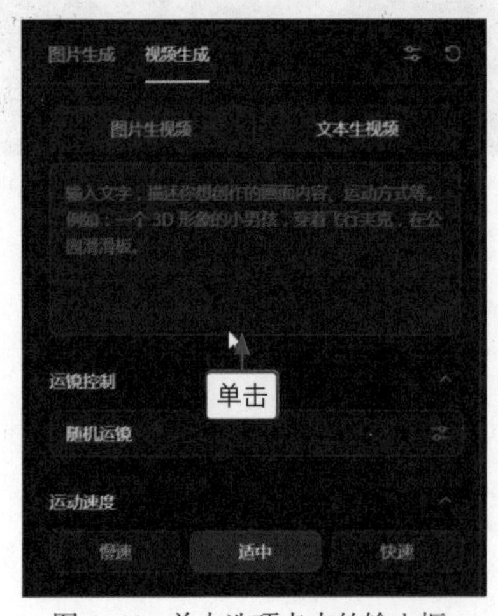

图 4-41　单击选项卡中的输入框

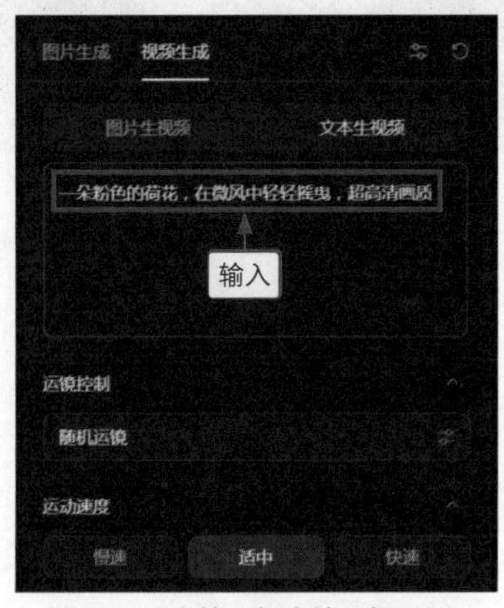

图 4-42　在输入框中输入提示词

实例 39　使用 Dreamina 生成短视频的雏形

输入文本内容之后，用户可以对短视频生成信息进行设置，并使用设置的信息生成短视频的雏形，具体操作步骤如下。

步骤 01 在“文本生视频”选项卡中，单击“运镜控制”下方的“随机运镜”按钮，如图 4-43 所示。

步骤 02 在弹出的“运镜控制”对话框中设置运镜信息，如单击“变焦”右侧的按钮，单击“应用”按钮，如图 4-44 所示，即可完成短视频生成信息的设置。

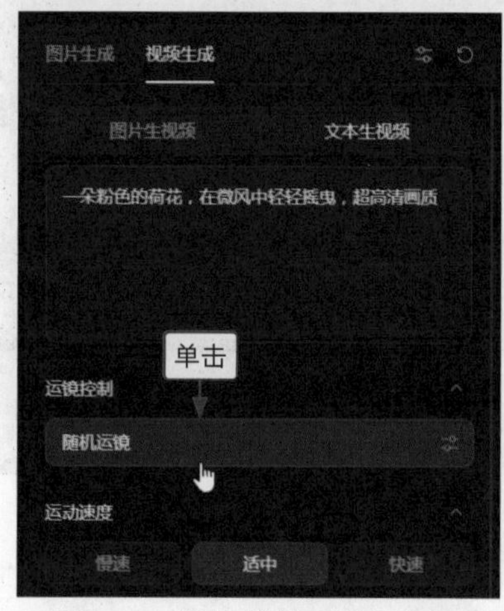

图 4-43　单击“随机运镜”按钮

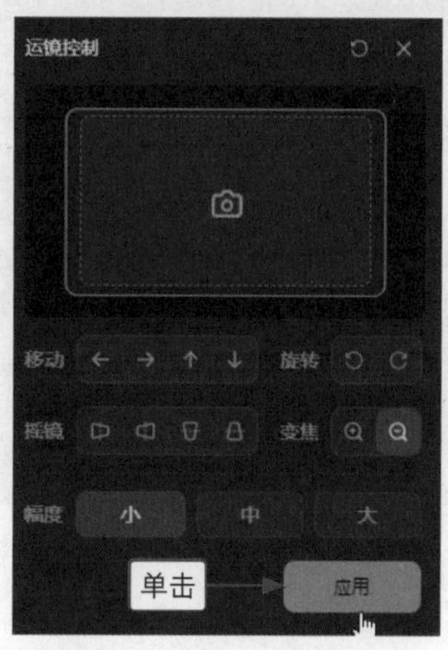

图 4-44　单击“应用”按钮

步骤 03 返回“文本生视频”选项卡，单击该选项卡下方的“生成视频”按钮，如图 4-45 所示。

图 4-45　单击“生成视频”按钮

步骤 04 执行操作后，系统会根据设置的信息生成短视频，并显示短视频的生成进度，如图 4–46 所示。

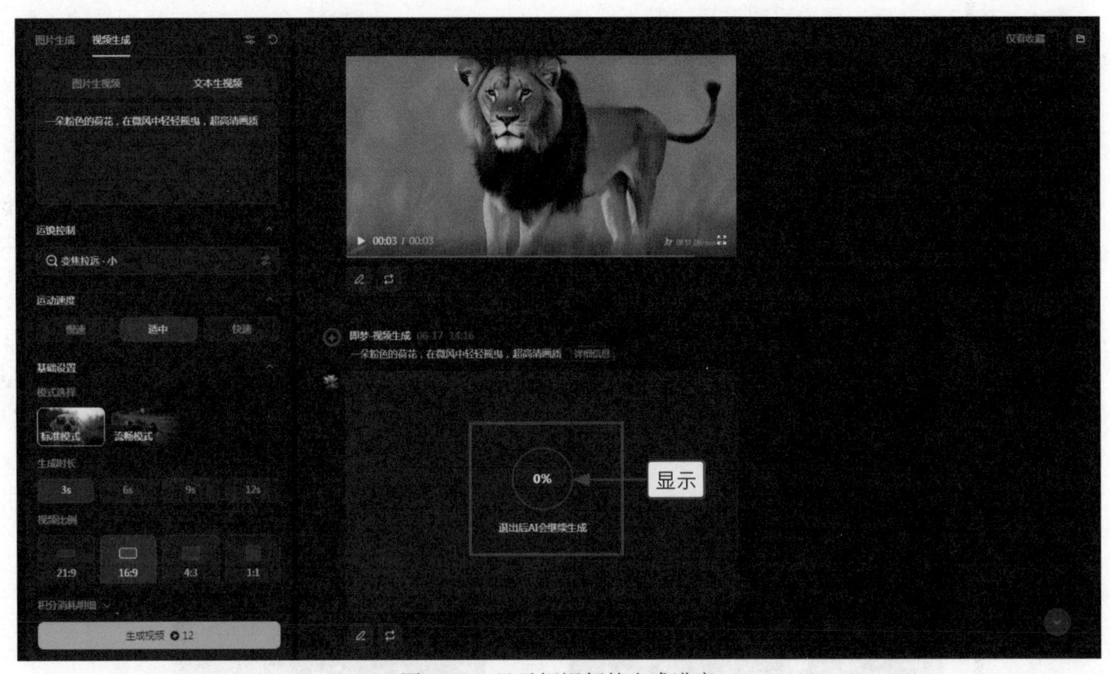

图 4–46 显示短视频的生成进度

步骤 05 如果“视频生成”界面的右侧显示对应短视频的封面，就说明短视频生成成功了，如图 4–47 所示。

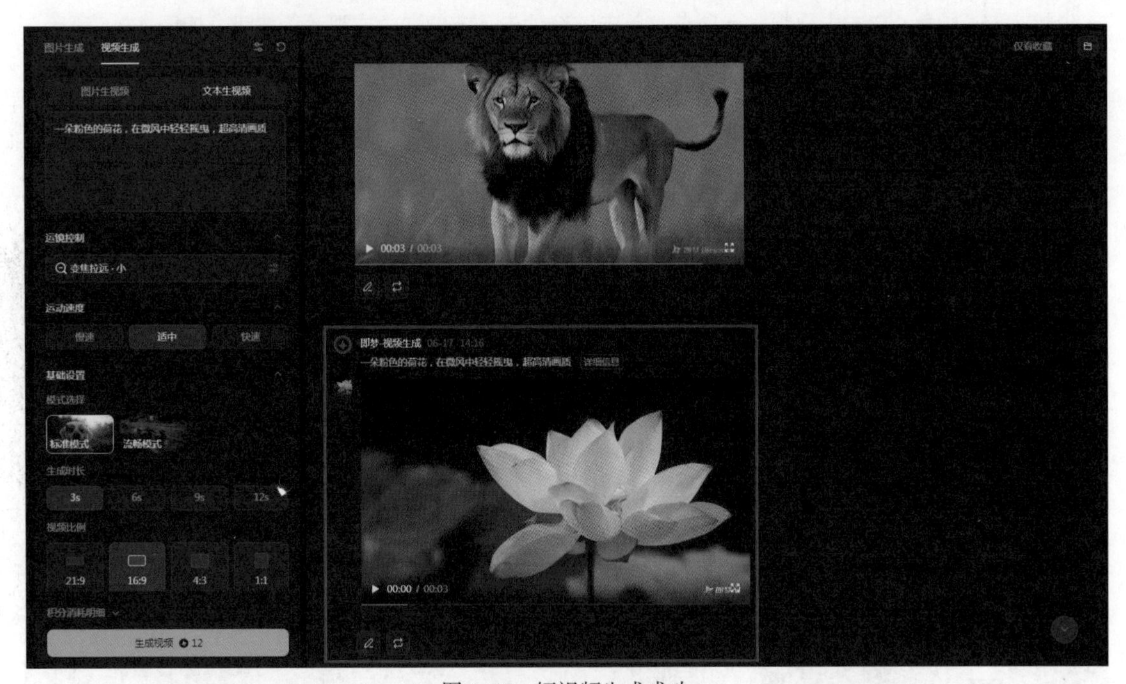

图 4–47 短视频生成成功

步骤 06 短视频生成成功后，用户可以单击短视频封面右下角的按钮，如图 4–48 所示，全屏预览短视频。

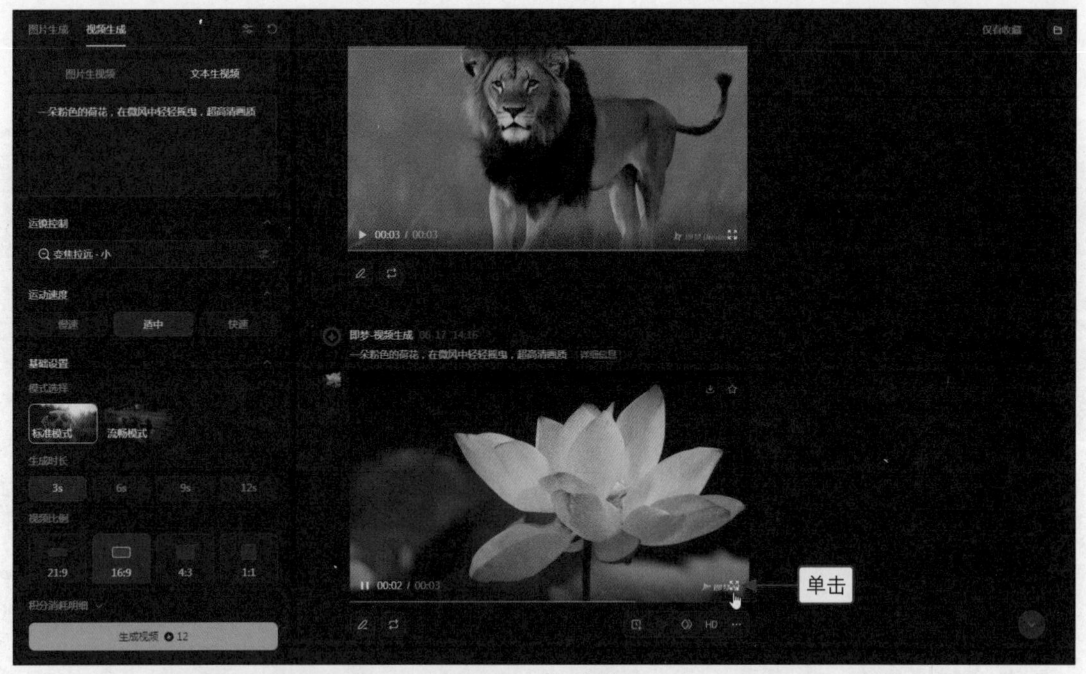

图 4-48　单击按钮

实例 40　使用 Dreamina 调整短视频的效果

生成并预览短视频之后，如果用户对生成的短视频不太满意，可以通过一些操作进行调整，从而生成一条更符合自身需求的短视频，具体操作步骤如下。

步骤 01　在“视频生成”界面中，单击需要调整的短视频下方的“重新编辑”按钮，如图 4-49 所示。

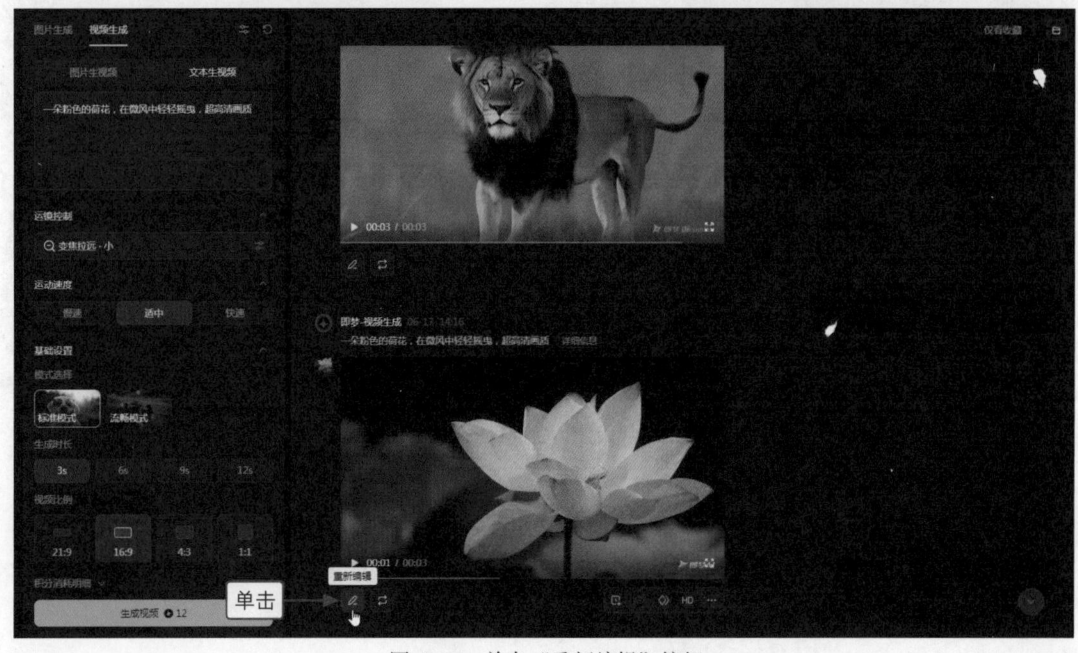

图 4-49　单击“重新编辑”按钮

步骤 02 执行操作后，在“视频生成”界面的“文本生视频”选项卡中，调整提示词，单击“生成视频”按钮，如图 4-50 所示，调整短视频的生成信息，并重新生成短视频。

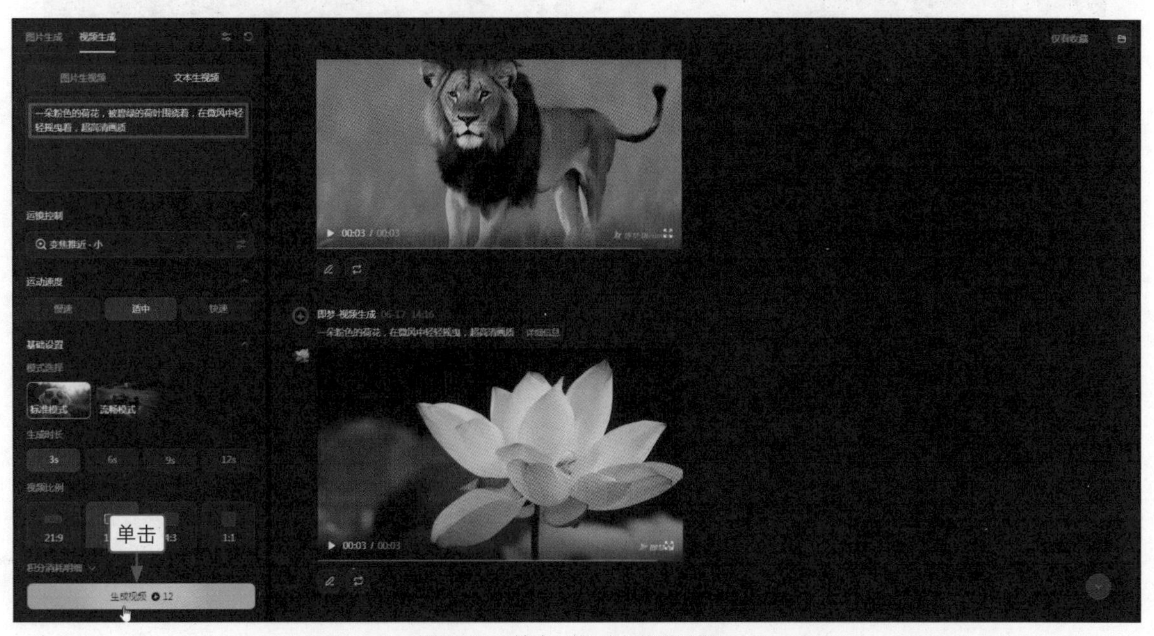

图 4-50　单击“生成视频”按钮

步骤 03 执行操作后，Dreamina 即可根据调整的信息，重新生成一条短视频，如图 4-51 所示。

图 4-51　重新生成一条短视频

步骤 04 如果用户对重新生成的短视频比较满意，可以将其下载至自己的电脑中。单击对应短视频封面下方的“开通会员下载无水印视频”按钮，如图 4-52 所示。

步骤 05 执行操作后，在弹出的“新建下载任务”对话框中设置短视频的下载信息，单击“下载”按钮，如图 4-53 所示。

图 4-52　单击“开通会员下载无水印视频”按钮

图 4-53　单击“下载”按钮

步骤 06　弹出“下载”对话框，如果该对话框的“已完成”选项卡中显示对应短视频的相关信息，就说明该短视频下载成功了。短视频下载成功之后，用户可以单击“打开所在目录”按钮 ，如图 4-54 所示。

图 4-54　单击“打开所在目录”按钮

步骤 07　执行操作后，即可进入对应文件夹，查看下载完成的短视频，如图 4-55 所示。

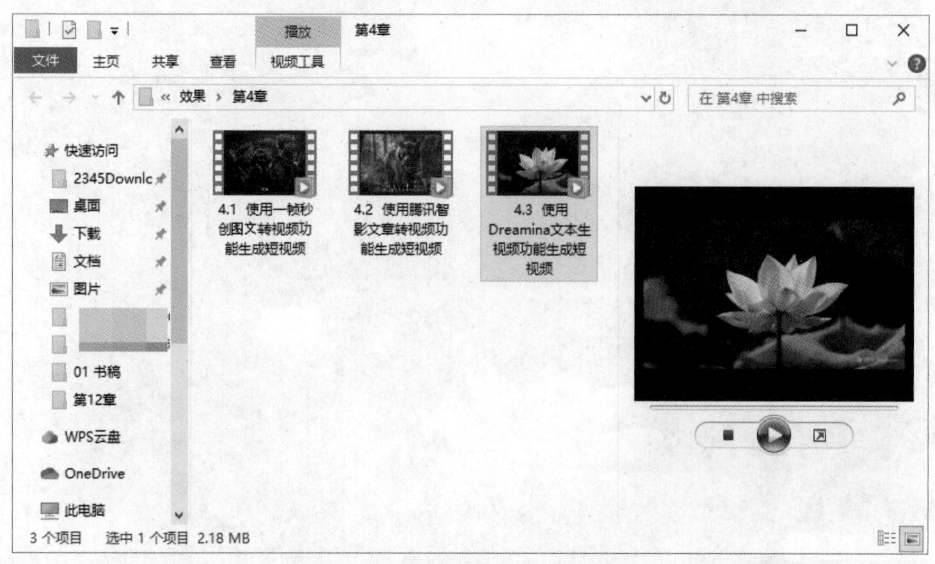

图 4-55　查看下载完成的短视频

在调整短视频效果时，用户除了可以单击“重新编辑”按钮调整短视频的生成信息，也可以跳过单击“重新编辑”按钮的步骤，直接调整短视频的生成信息。

第 5 章　使用图片制作 AI 短视频

除了使用文案制作 AI 短视频，用户还可以使用图片直接制作 AI 短视频。很多 AI 软件和工具中都提供了使用图片制作 AI 短视频的相关功能，本章主要介绍使用剪映 App、剪映电脑版和 Dreamina 将图片制作成短视频的操作技巧。

5.1 使用剪映App一键成片功能生成短视频

效果展示 在使用剪映 App 的“一键成片”功能生成短视频时，用户只需导入图片素材，再选择一个喜欢的模板即可，效果如图 5-1 所示。

图 5-1 使用剪映 App“一键成片”功能生成的短视频效果

实例 41 在剪映 App 中导入图片素材

使用剪映 App 的“一键成片”功能生成短视频需要先导入图片素材，下面就来介绍具体的操作方法。

步骤 01 打开剪映 App，点击“一键成片”按钮，如图 5-2 所示。

步骤 02 进入“最近项目”界面，选择图片素材，点击“下一步”按钮，如图 5-3 所示。

步骤 03 执行操作后，剪映 App 会识别素材，并显示识别的进度，如图 5-4 所示。

步骤 04 素材识别完成后，即可将图片素材导入剪映 App 中，如图 5-5 所示。

图 5-2　点击“一键成片”按钮

图 5-3　点击“下一步”按钮

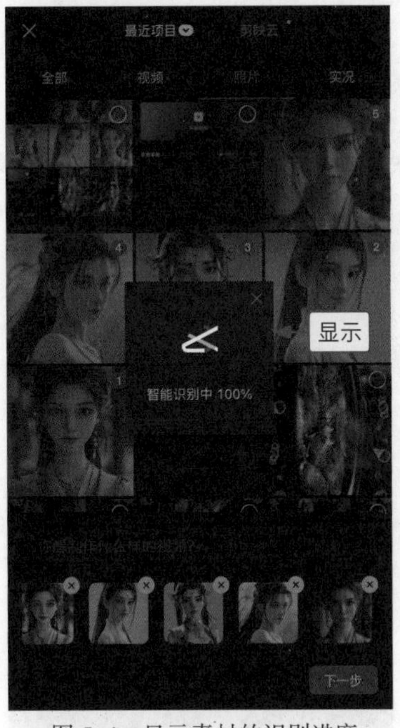

图 5-4　显示素材的识别进度

图 5-5　将图片素材导入剪映 App 中

实例 42　在剪映 App 中选择合适的模板

图片素材导入成功之后，用户可以选择合适的模板生成一条短视频，具体操作步骤如下。

步骤 01　点击“编辑”界面中的按钮切换选项卡，如点击“春日”按钮，如图 5-6 所示。

步骤 02　执行操作后，切换至“春日”选项卡，在该选项卡中选择一个合适的短视频模板，如图 5-7 所示，即可使用该模板制作短视频。

图 5-6　点击“春日”按钮

图 5-7　选择一个合适的短视频模板

实例 43　在剪映 App 中快速导出短视频

在剪映 App 中使用“一键成片”功能生成短视频之后，用户可以快速将生成的短视频直接导出，具体操作方法如下。

步骤 01　点击“编辑”界面右上方的“导出”按钮，如图 5-8 所示。

步骤 02　在弹出的“导出设置”面板中点击按钮，如图 5-9 所示。

图 5-8　点击“导出”按钮

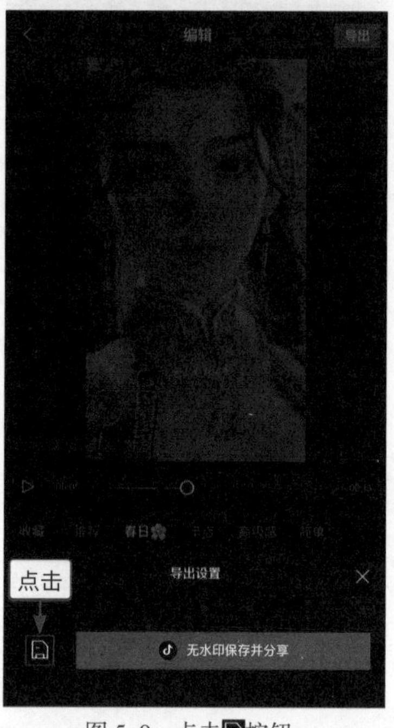

图 5-9　点击按钮

步骤 03 执行操作后，会显示短视频的导出进度，如图 5-10 所示。

步骤 04 如果显示"导出成功"，就说明短视频导出成功了，如图 5-11 所示。短视频导出成功后，用户可以在手机相册中查看短视频的效果。

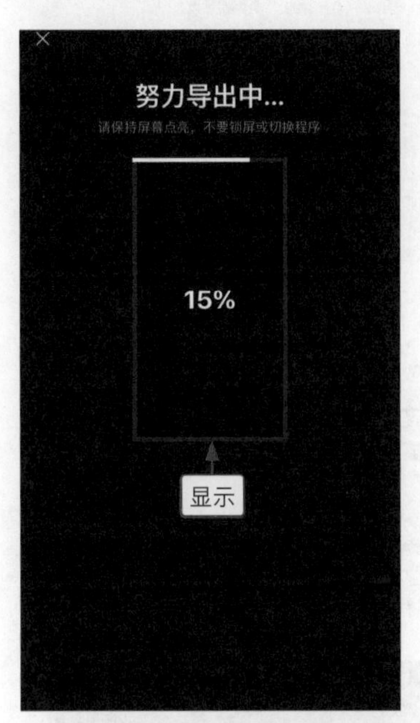

图 5-10 显示短视频的导出进度

图 5-11 短视频导出成功

5.2 使用剪映电脑版图文成片功能生成短视频

效果展示 在剪映电脑版中，用户可以借助"图文成片"功能生成文案，并在文案的基础上生成短视频，效果如图 5-12 所示。

图 5-12 使用剪映电脑版"图文成片"功能生成的短视频效果

实例 44　在剪映电脑版中生成文案

安装并登录剪映电脑版之后，用户可以先借助“图文成片”功能生成一条文案，为短视频的制作做好准备，具体操作步骤如下。

步骤 01　在浏览器中打开搜索引擎（如 360 搜索），输入并搜索“剪映专业版官网”，单击搜索结果中的剪映专业版官网的链接，如图 5-13 所示，即可进入剪映官网。

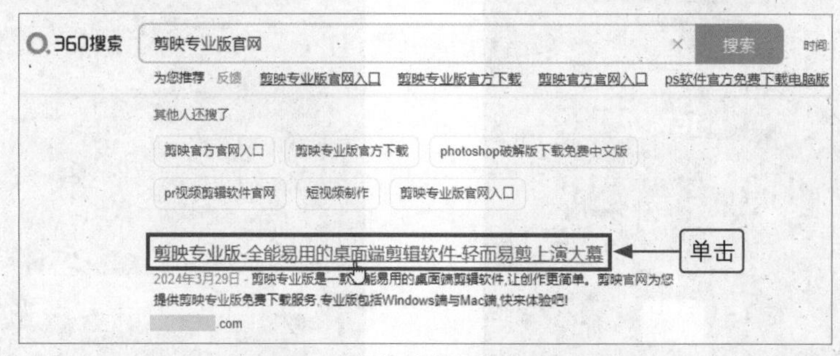

图 5-13　单击剪映专业版官网的链接

步骤 02　在“专业版”选项卡中单击“立即下载”按钮，如图 5-14 所示。

图 5-14　单击“立即下载”按钮

步骤 03　弹出“新建下载任务”对话框，单击“下载”按钮，如图 5-15 所示，将软件安装器下载到本地文件夹中。

步骤 04　下载完成后，打开相应的文件夹，在软件安装器上单击鼠标右键，在弹出的快捷菜单中选择“打开”选项，如图 5-16 所示。

图 5-15　单击“下载”按钮

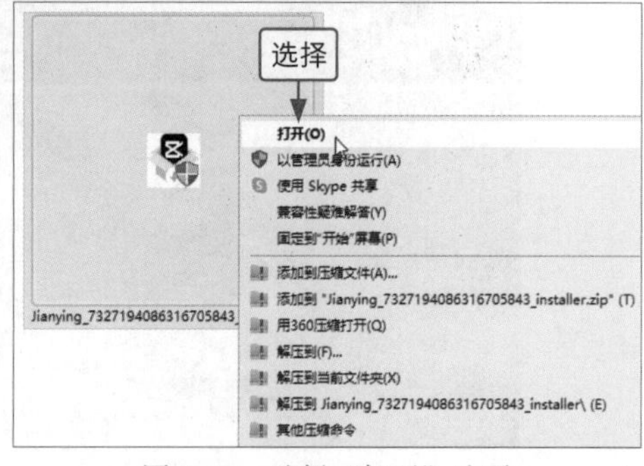

图 5-16　选择“打开”选项

步骤 05 执行操作后，即可开始下载并安装剪映专业版，弹出“剪映专业版下载安装”对话框，显示下载和安装软件的进度，如图 5-17 所示。

步骤 06 安装完成后，弹出“环境检测”对话框，软件会对电脑环境进行检测，检测完成后单击“确定”按钮，如图 5-18 所示。

图 5-17　显示下载和安装软件的进度　　图 5-18　单击“确定”按钮

步骤 07 执行操作后，进入剪映专业版的“首页”界面，单击“点击登录账户”按钮，如图 5-19 所示。

步骤 08 弹出“登录”对话框，勾选“已阅读并同意剪映用户协议和剪映隐私政策”复选框，单击“通过抖音登录”按钮，如图 5-20 所示。

图 5-19　单击“点击登录账户”按钮　　图 5-20　单击“通过抖音登录”按钮

步骤 09 执行操作后，进入抖音登录界面，如图 5-21 所示，用户可以根据提示进行扫码登录或验证码登录，完成登录后，即可返回“首页”界面。

步骤 10 进入剪映电脑版的“首页”界面，单击“图文成片”按钮，如图 5-22 所示。

步骤 11 弹出“图文成片”对话框，在该对话框中选择要生成的文案所属的类型，并对文案的生成信息进行设置，单击“生成文案”按钮，如图 5-23 所示。

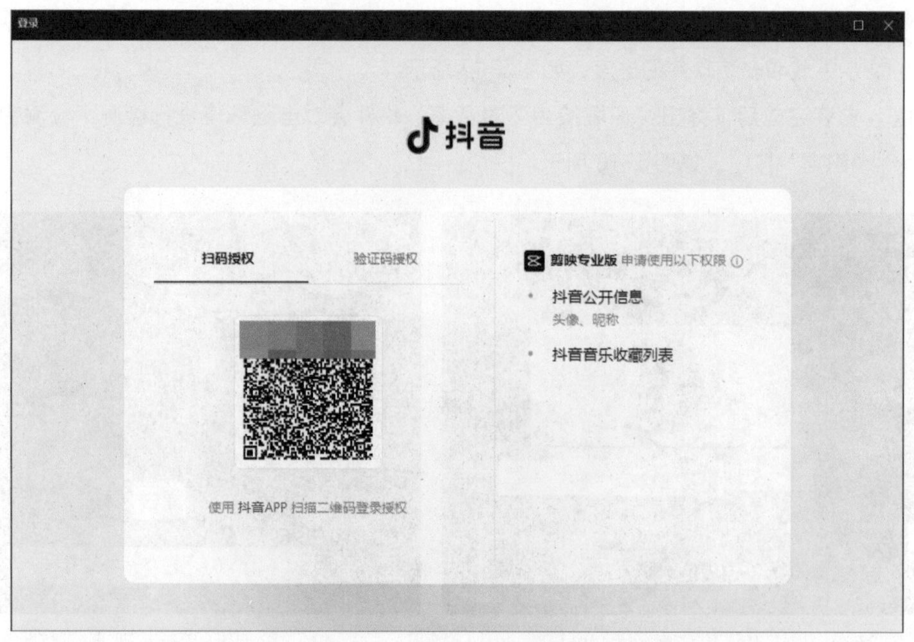

图 5–21　进入抖音登录界面

图 5–22　单击“图文成片”按钮

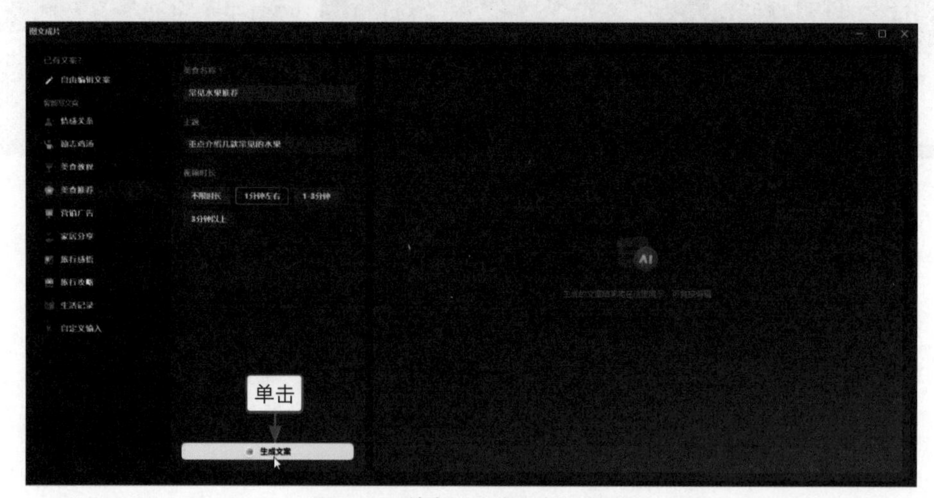

图 5–23　单击“生成文案”按钮

步骤 12 执行操作后，系统会根据要求生成对应的文案，如图 5-24 所示。

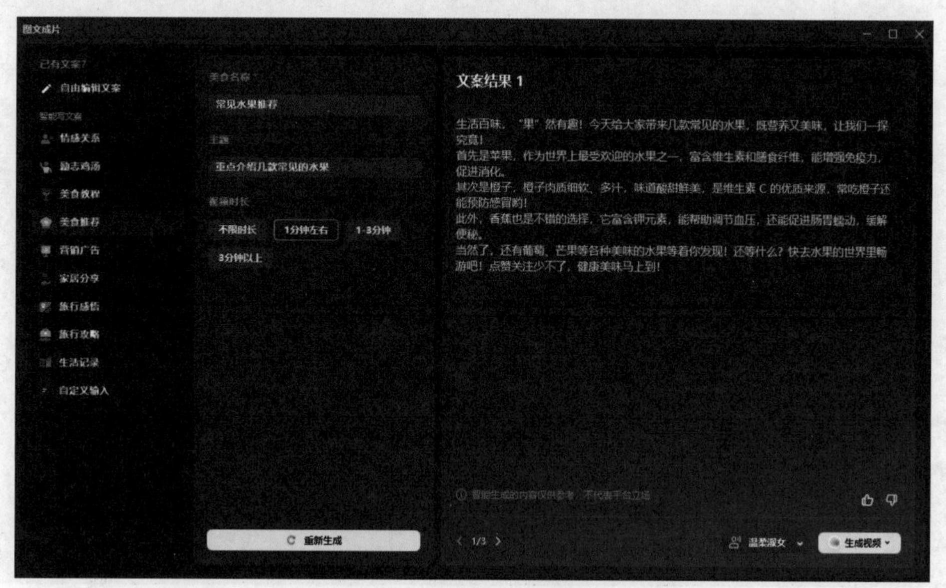

图 5-24 生成对应的文案

实例 45 在剪映电脑版中生成短视频的雏形

在剪映电脑版中生成文案之后，可以在文案的基础上直接生成一个短视频的雏形，具体操作步骤如下。

步骤 01 单击“图文成片”对话框右下方的“生成视频”按钮，在弹出的列表中选择“智能匹配素材”选项，如图 5-25 所示。

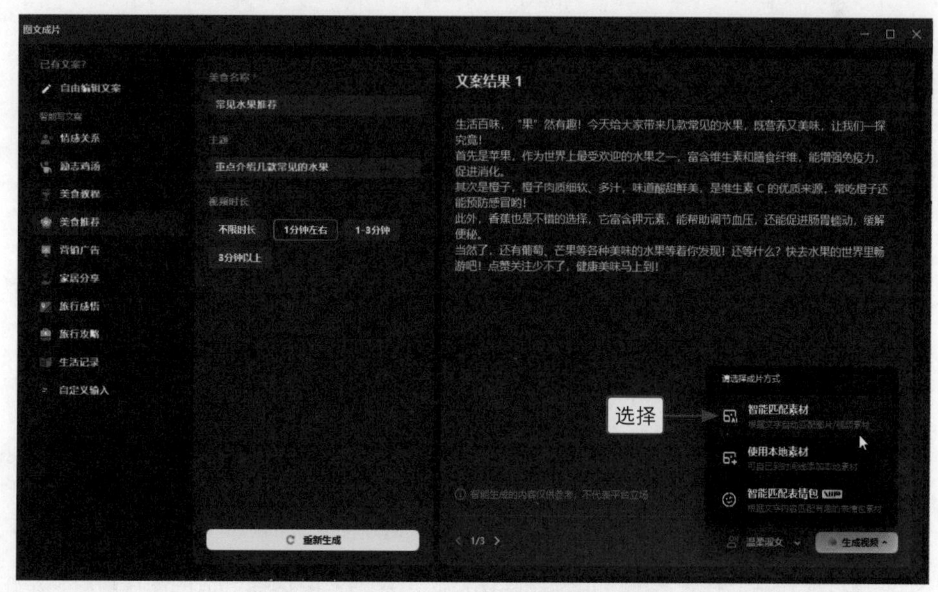

图 5-25 选择“智能匹配素材”选项

步骤 02 执行操作后，即可根据文案匹配素材，并生成短视频的雏形，如图 5-26 所示。

图 5-26　生成短视频的雏形

实例 46　在剪映电脑版中替换短视频的素材

剪映电脑版自动生成的短视频雏形，可能会有一些不太令人满意的地方，对此，用户可以进行加工处理，提升短视频的效果。例如，可以替换不满意的短视频的素材，具体操作步骤如下。

步骤 01 将鼠标指针定位在第一个素材上，单击鼠标右键，弹出快捷菜单，选择“替换片段”选项，如图 5-27 所示，将图文不相符的素材替换。

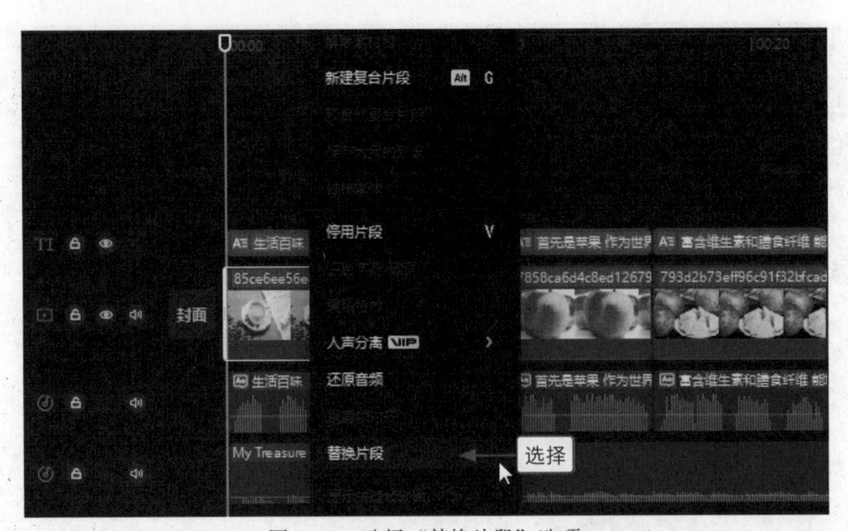

图 5-27　选择“替换片段”选项

步骤 02 执行操作后，在弹出的“请选择媒体资源”对话框中选择合适的图片素材，单击“打开”按钮，如图 5-28 所示。

步骤 03 进入“替换”对话框，单击“替换片段”按钮，如图 5-29 所示。

图 5-28　单击“打开”按钮

图 5-29　单击“替换片段”按钮

步骤 04　执行操作后，即可将该图片素材替换到短视频中，如图 5-30 所示，同时导入本地媒体资源库中。

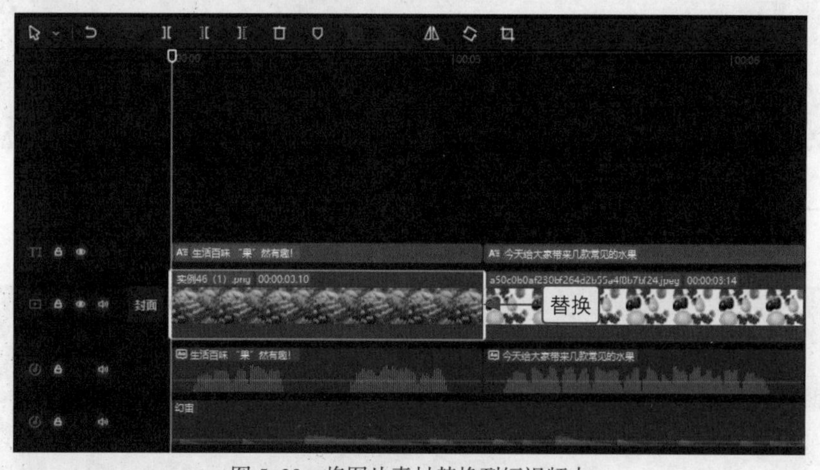

图 5-30　将图片素材替换到短视频中

步骤 05　使用同样的方法，替换其他不合适的素材，效果如图 5-31 所示。

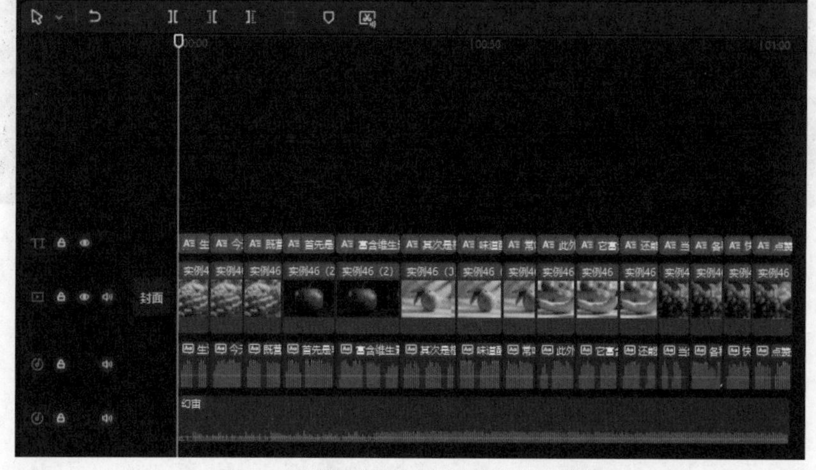

图 5-31　替换其他不合适的素材的效果

实例 47　在剪映电脑版中预览并导出短视频

短视频素材替换完成后，用户便可以在剪映电脑版中预览短视频，如果对短视频的效果比较满意，就可以将其导出，具体操作步骤如下。

步骤 01　在剪映电脑版的“播放器”面板中单击▶按钮，播放短视频。单击⛶按钮，如图 5-32 所示，可以全屏显示短视频，预览短视频的效果。

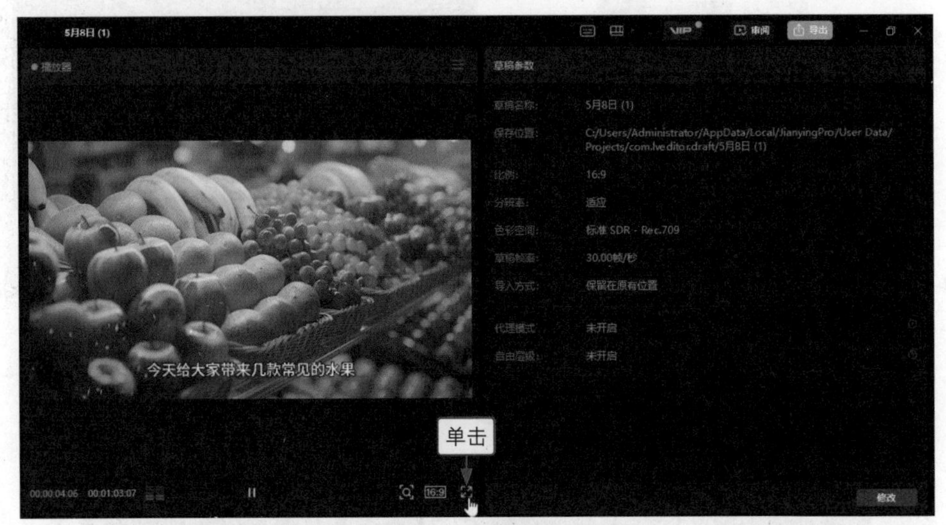

图 5-32　单击⛶按钮

步骤 02　如果用户对短视频的效果比较满意，可以单击“导出”按钮，如图 5-33 所示。

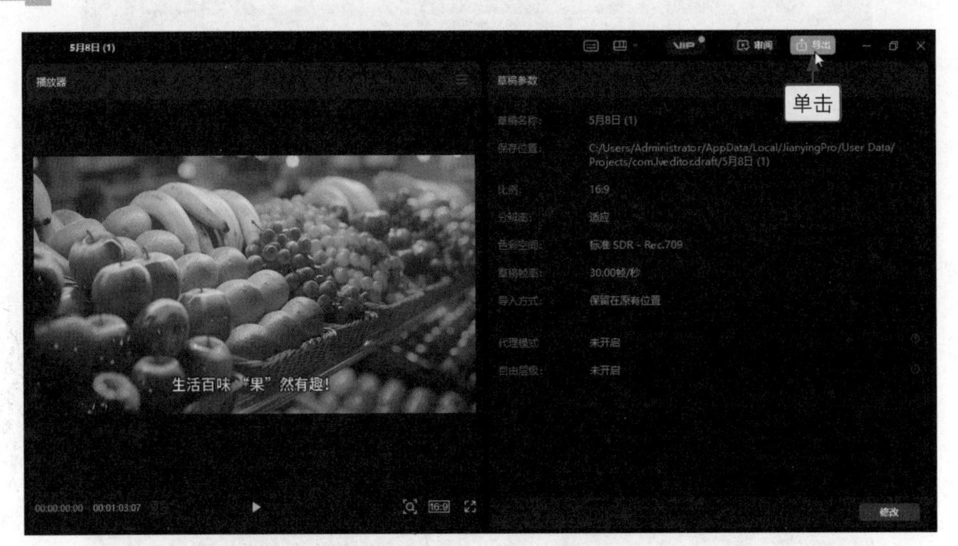

图 5-33　单击“导出”按钮（1）

步骤 03　执行操作后，会弹出“导出”对话框，如图 5-34 所示。

步骤 04　在“导出”对话框中设置短视频的导出信息，单击“导出”按钮，如图 5-35 所示。

步骤 05　执行操作后，会弹出新的“导出”对话框，该对话框中会显示短视频的导出进度，如图 5-36 所示。

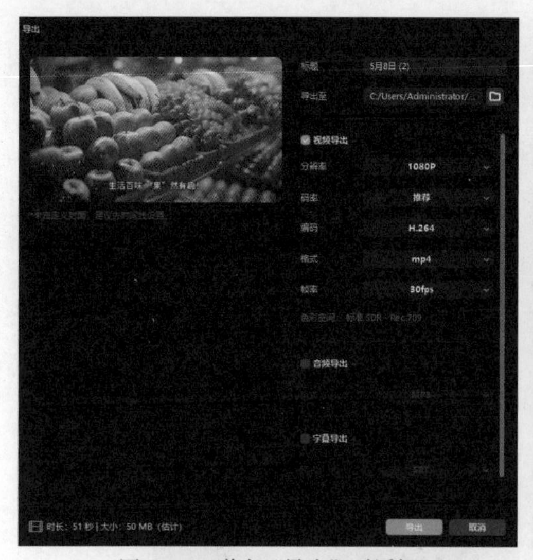

图 5-34　弹出“导出”对话框

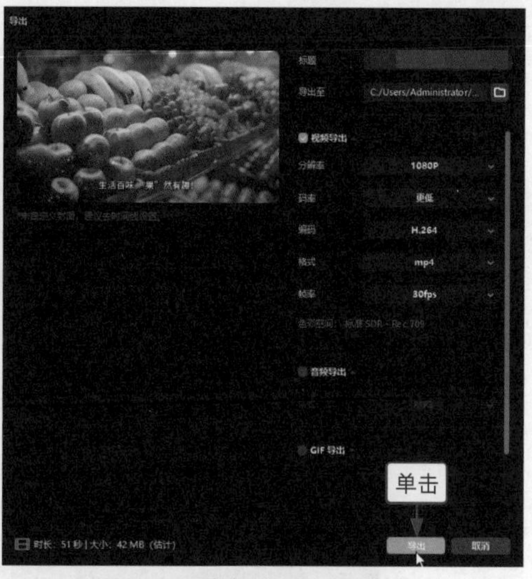

图 5-35　单击“导出”按钮（2）

图 5-36　显示短视频的导出进度

步骤 06　如果显示“导出完成，去发布！”，就说明短视频导出成功了，如图 5-37 所示。

图 5-37　短视频导出成功

5.3 使用Dreamina图片生视频功能生成短视频

效果展示 在 Dreamina 中，用户可以借助“图片生视频”功能，使用图片生成短视频，效果如图 5-38 所示。

图 5-38 使用 Dreamina“图片生视频”功能生成的短视频效果

实例 48 使用 Dreamina 上传图片素材

在 Dreamina 中使用图片生成短视频时，需要先上传图片素材。下面就来介绍使用 Dreamina 上传图片素材的具体操作步骤。

步骤 01 进入“视频生成”界面的“图片生视频”选项卡，单击“上传图片”按钮，如图 5-39 所示。

图 5-39 单击“上传图片”按钮

步骤 02　弹出“打开”对话框，选择需要上传的图片素材，单击“打开”按钮，如图 5-40 所示。

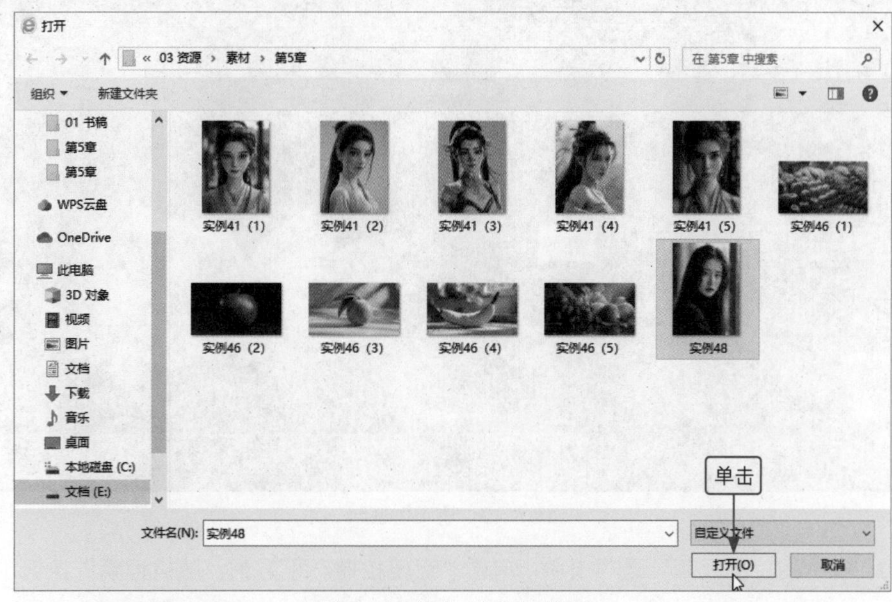

图 5-40　单击“打开”按钮

步骤 03　执行操作后，如果“图片生视频”选项卡中显示图片信息，就说明图片素材上传成功了，如图 5-41 所示。

图 5-41　图片素材上传成功

实例 49　使用 Dreamina 生成短视频的雏形

图片素材上传成功之后，用户可以根据自身需求对短视频的生成信息进行设置，并生成对应的短视频，下面就来介绍具体的操作步骤。

步骤 01　单击上传的图片素材下方的输入框，输入提示词，如图 5-42 所示。

图 5-42 输入提示词

步骤 02 在“图片生视频”选项卡中，单击“运镜控制”下方的“随机运镜”按钮，如图 5-43 所示。

步骤 03 在弹出的“运镜控制”对话框中设置运镜信息，如单击“变焦”右侧的按钮，单击“应用”按钮，如图 5-44 所示，即可完成短视频生成信息的设置。

图 5-43 单击“随机运镜”按钮

图 5-44 单击“应用”按钮

步骤 04 返回“图片生视频”选项卡，单击该选项卡下方的“生成视频”按钮，如图 5-45 所示。

步骤 05 执行操作后，系统会根据设置的信息生成短视频，如果“视频生成”界面的右侧显示对应短视频的封面，就说明短视频生成成功了，如图 5-46 所示。短视频生成成功后，用户可以单击短视频封面右下角的按钮，全屏显示短视频，预览短视频的效果。

图 5–45　单击“生成视频”按钮

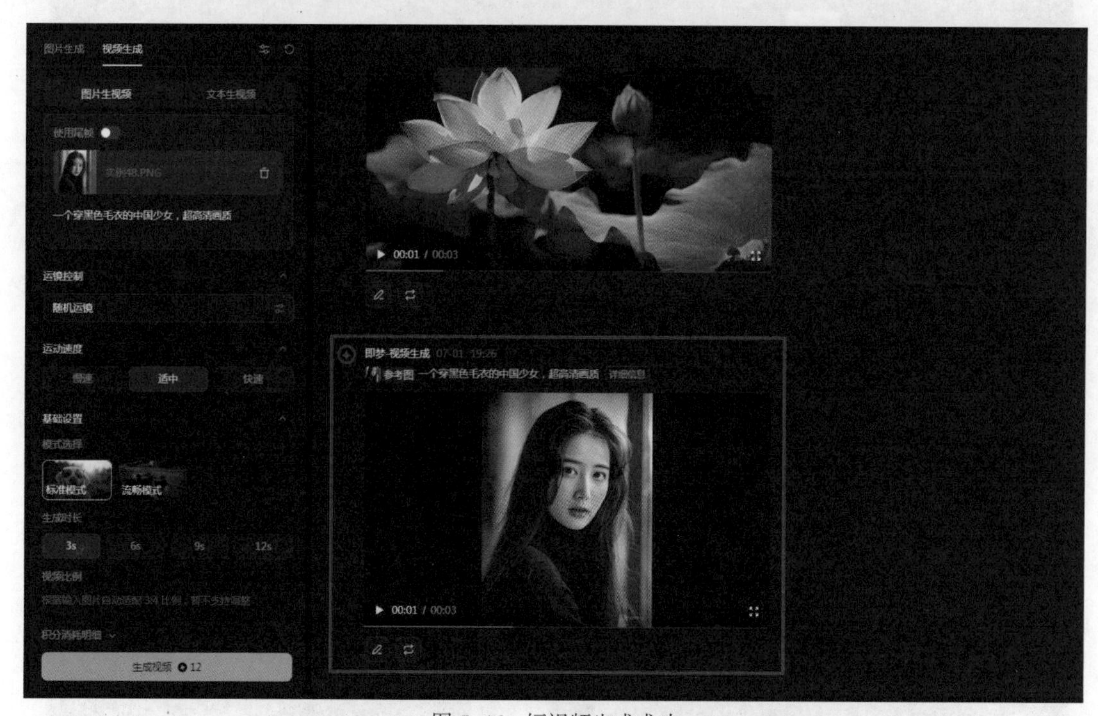

图 5–46　短视频生成成功

实例 50　使用 Dreamina 调整短视频的效果

如果用户对生成的短视频不太满意，可以通过简单的操作，调整相关信息，并重新生成一条短视频，具体操作步骤如下。

步骤 01 在“视频生成”界面右侧，单击需要调整的短视频下方的“重新编辑”按钮，如图 5-47 所示。

图 5-47 单击“重新编辑”按钮

步骤 02 执行操作后，在“视频生成”界面的“图片生视频”选项卡中，调整运镜的方式，如设置“运镜控制”为“变焦推近・小”，单击“生成视频”按钮，如图 4-48 所示，重新生成短视频。

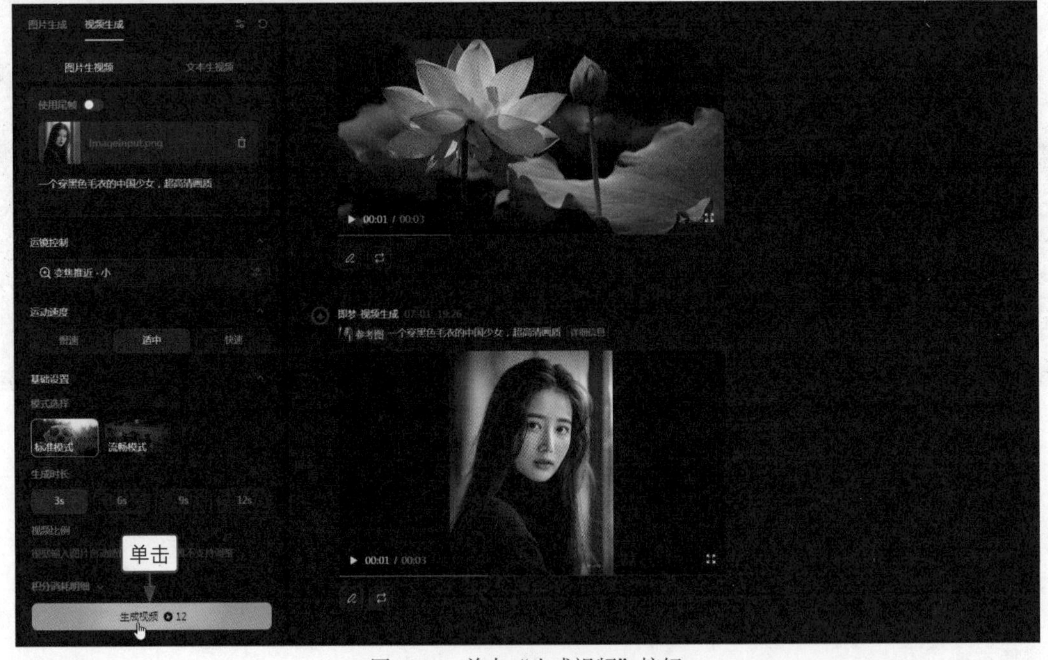

图 5-48 单击“生成视频”按钮

步骤 03 执行操作后，Dreamina 即可根据调整的信息，重新生成一条短视频，如图 5-49 所示。

步骤 04 如果用户对重新生成的短视频比较满意，可以将其下载至自己的电脑中。单击短视频封面右上方的“开通会员下载无水印视频”按钮，如图 5-50 所示。

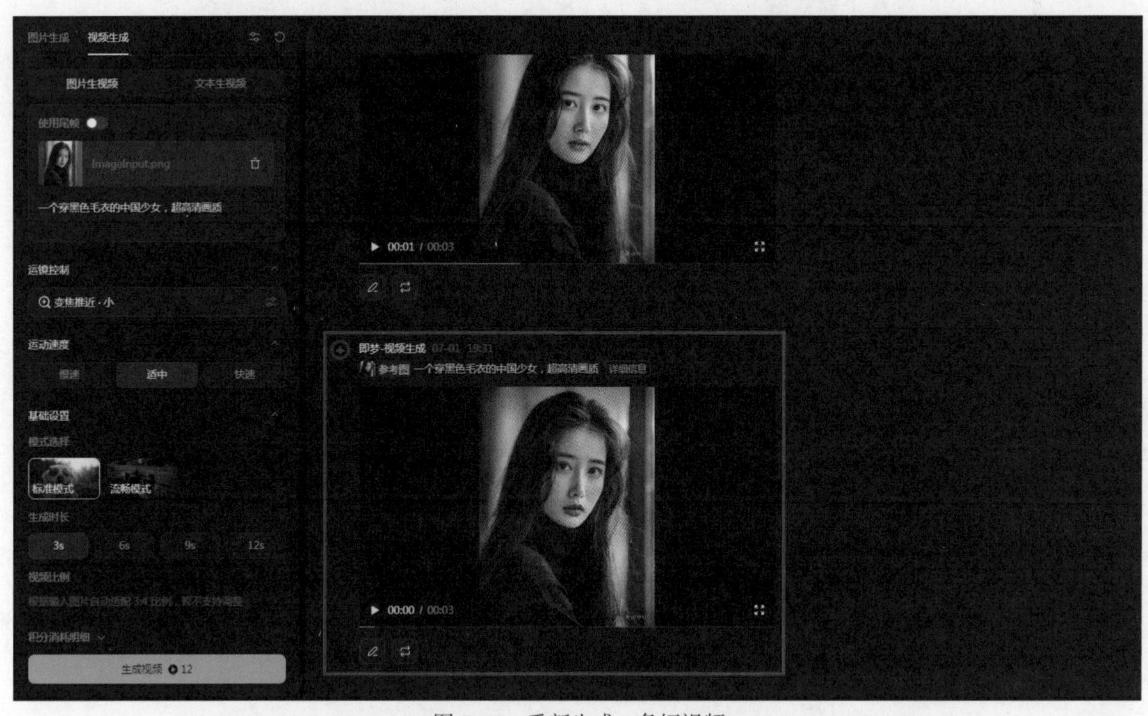

图 5-49 重新生成一条短视频

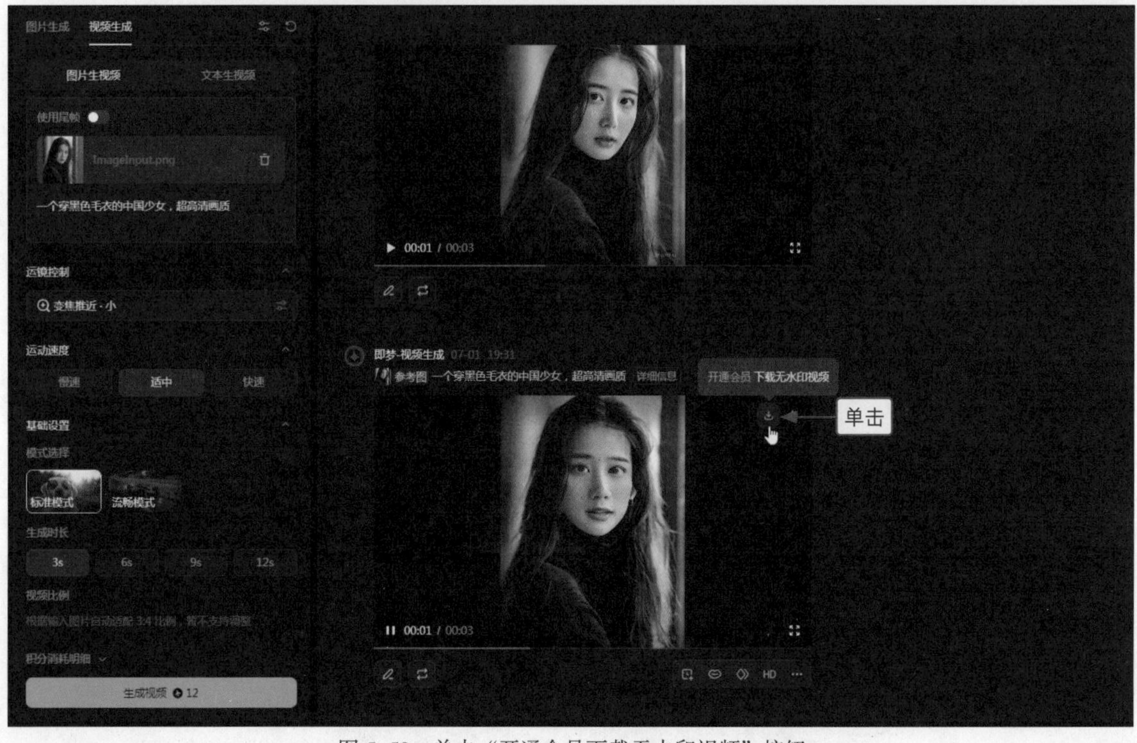

图 5-50 单击“开通会员下载无水印视频”按钮

步骤 05 执行操作后，在弹出的“新建下载任务”对话框中设置短视频的下载信息，单击“下载”按钮，如图 5-51 所示。

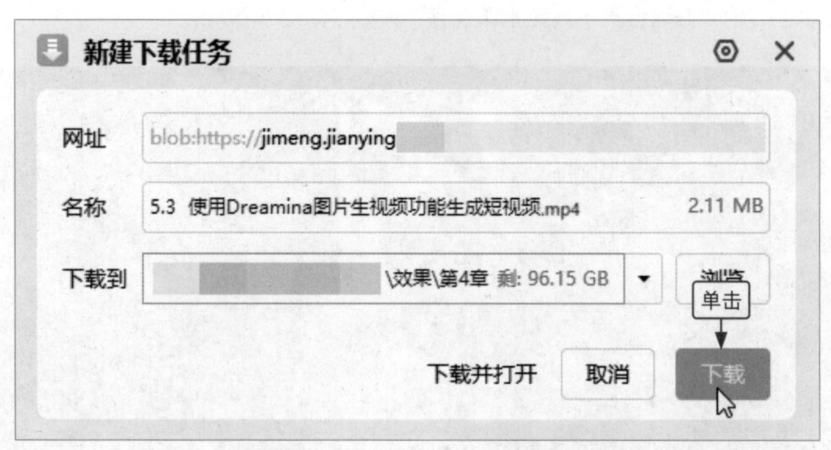

图 5-51 单击“下载”按钮

步骤 06 弹出“下载”对话框，如果该对话框的“已完成”选项卡中显示对应短视频的相关信息，就说明该短视频下载成功了，如图 5-52 所示。

图 5-52 短视频下载成功

除了普通的调整，用户还可以对生成的短视频进行延长。不过延长短视频需要开通会员，用户可以根据自身需求决定是否开通会员。

第 6 章　借助模板制作 AI 短视频

很多工具中都为用户提供了大量模板，用户使用这些模板并替换素材，即可快速生成 AI 短视频。本章将以剪映 App 和剪映电脑版为例，为大家讲解借助模板制作 AI 短视频的相关操作技巧。

6.1 使用剪映App剪同款功能生成短视频

效果展示 使用剪映 App 的“剪同款”功能，可以生成与模板效果类似的短视频，效果如图 6-1 所示。

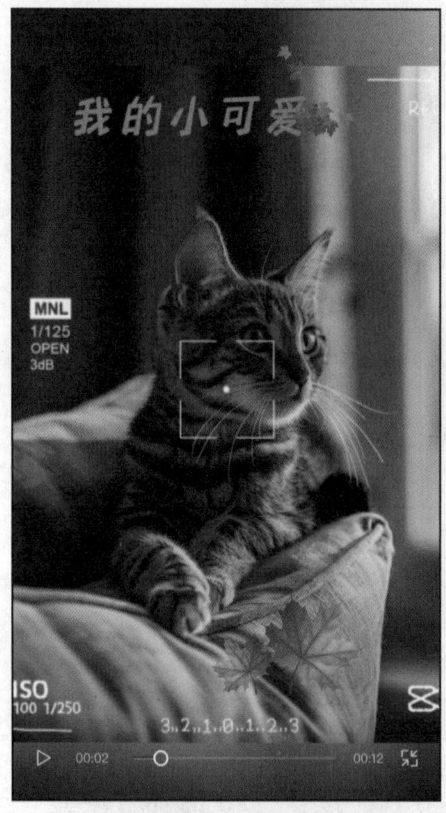

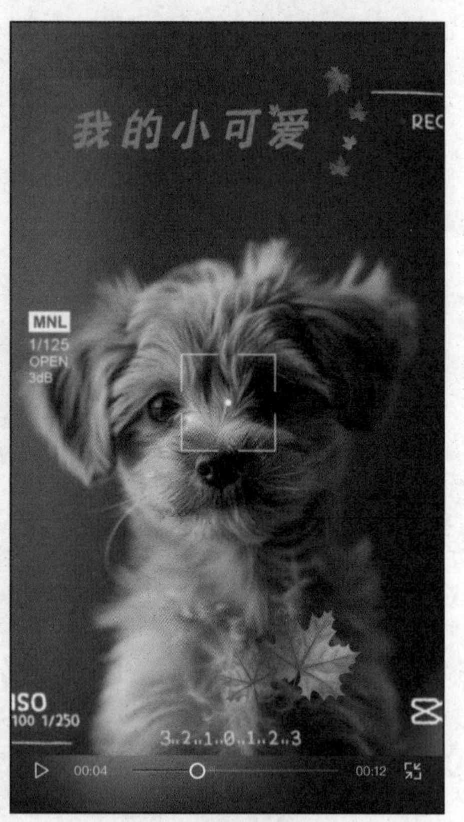

图 6-1 使用剪映 App“剪同款”功能生成的短视频效果

实例 51 在剪映 App 中选择剪同款的模板

使用剪映 App 的“剪同款”功能生成短视频，需要先选择一个合适的模板，下面就来介绍具体的操作方法。

步骤 01 打开剪映 App，点击“剪同款”按钮，如图 6-2 所示。

步骤 02 进入“剪同款”界面，点击界面上方的搜索框，如图 6-3 所示。

步骤 03 在搜索框中输入模板的关键词，点击“搜索”按钮，如图 6-4 所示。

步骤 04 执行操作后，点击搜索结果中对应模板的封面，如图 6-5 所示，即可完成模板的选择。

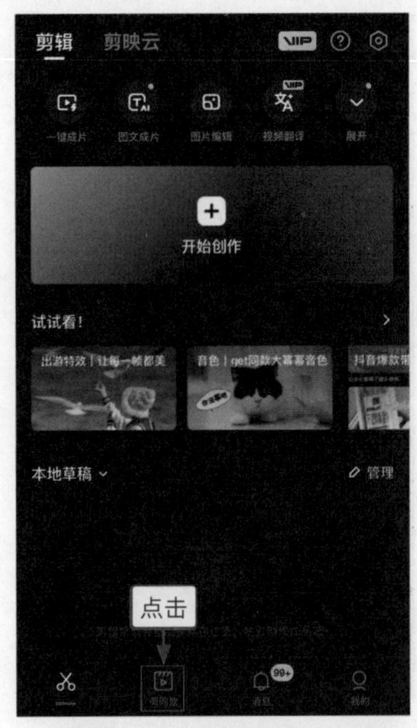

图 6-2　点击“剪同款”按钮

图 6-3　点击界面上方的搜索框

图 6-4　点击“搜索”按钮

图 6-5　点击对应模板的封面

实例 52　在剪映 App 中导入短视频的素材

模板选择完成后，用户只需导入短视频素材，即可生成一个短视频的雏形，具体操作步骤如下。

步骤 01　选择模板之后，进入模板预览界面，点击“剪同款”按钮，如图 6-6 所示。

步骤 02　进入“最近项目”界面，在该界面中选择所需的素材，点击“下一步”按钮，如图 6-7 所示。

图 6-6　点击“剪同款”按钮

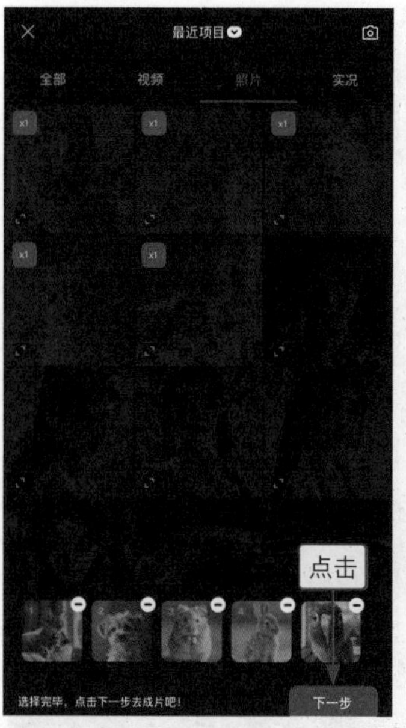

图 6-7　点击“下一步”按钮

步骤 03　执行操作后，将会开始合成短视频，并显示合成的进度，如图 6-8 所示。

步骤 04　短视频合成后，会生成短视频的雏形，如图 6-9 所示，用户可以播放短视频查看效果。

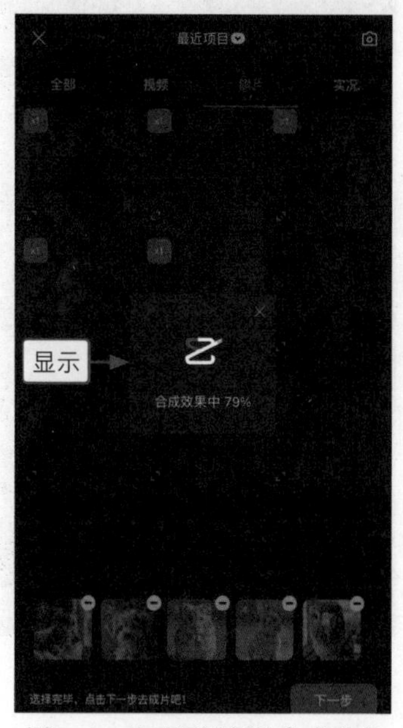

图 6-8　显示短视频的合成进度

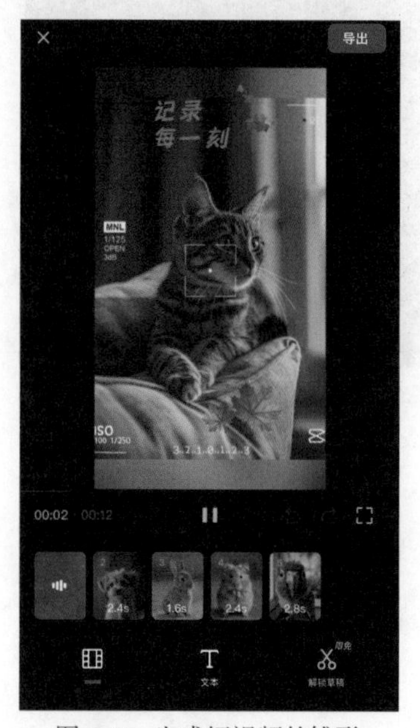

图 6-9　生成短视频的雏形

实例 53　在剪映 App 中调整短视频的信息

模板中的很多信息都是固定的，直接使用模板可能会有一些与素材不太匹配的内容，用户可以根据素材内容对相关信息进行调整，完成短视频的制作，具体操作步骤如下。

步骤 01　生成短视频的雏形之后，点击“文本”按钮，如图 6-10 所示。

步骤 02　执行操作后，在“文本”面板中双击需要调整的文本，如图 6-11 所示。

图 6-10　点击“文本”按钮

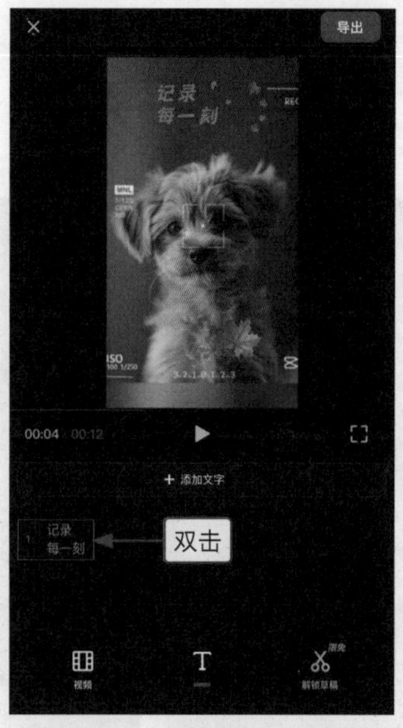

图 6-11　双击需要调整的文本

步骤 03　在弹出的输入框中输入相关的文本内容，点击✓按钮，如图 6-12 所示。

步骤 04　执行操作后，即可完成文本信息的调整，如图 6-13 所示。

图 6-12　点击✓按钮

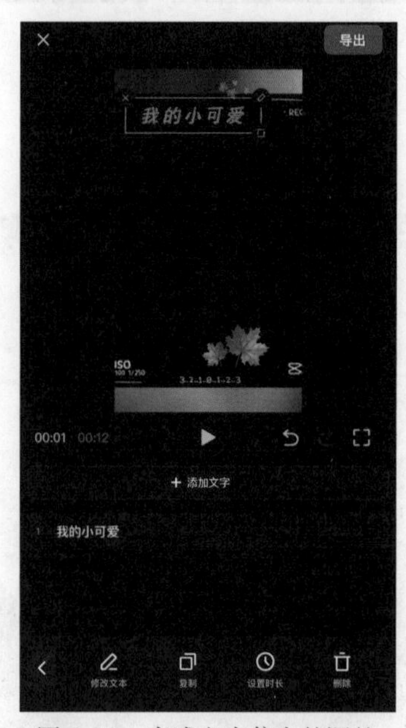

图 6-13　完成文本信息的调整

实例 54　在剪映 App 中快速导出短视频

在剪映 App 中使用“剪同款”功能生成短视频之后，用户可以快速将生成的短视频直接导出，具体操作方法如下。

步骤 01　点击界面右上方的“导出”按钮，如图 6-14 所示。

步骤 02　在弹出的“导出设置”面板中点击“无水印保存并分享”按钮，如图 6-15 所示。

步骤 03 执行操作后，会显示短视频的导出进度，稍等片刻，如果显示“导出成功”，就说明短视频导出成功了，如图 6-16 所示。短视频导出成功后，用户可以在手机相册中查看短视频的效果。

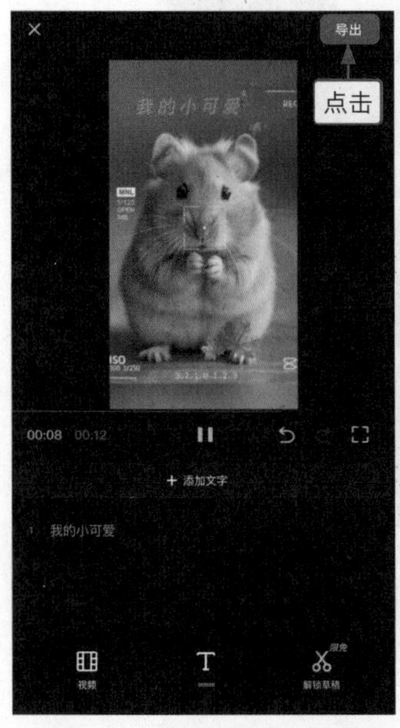

图 6-14 点击“导出”按钮

图 6-15 点击“无水印保存并分享”按钮

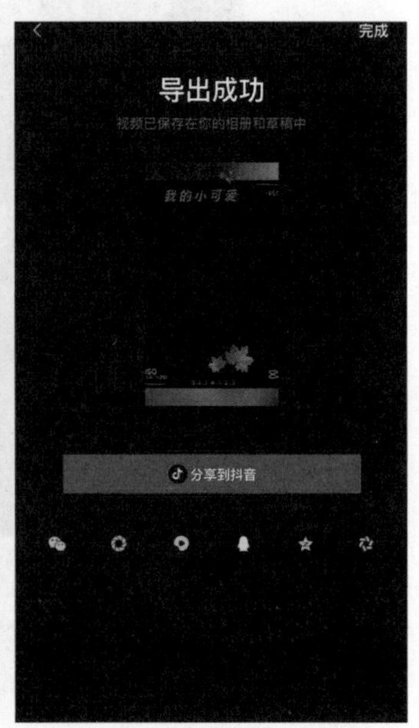

图 6-16 短视频导出成功

6.2 使用剪映电脑版模板功能生成短视频

效果展示 在剪映电脑版中，用户可以使用“模板”功能，套用模板生成一条短视频，效果如图 6-17 所示。

图 6-17 使用剪映电脑版“模板”功能生成的短视频效果

实例 55　在剪映电脑版中选择合适的模板

剪映电脑版为用户提供了大量模板，用户可以借助这些模板直接生成短视频。下面就来介绍在剪映电脑版中选择合适的模板的具体操作方法。

步骤 01　启动剪映电脑版，在“首页”界面的左侧导航栏中，单击“模板”按钮，如图 6-18 所示。

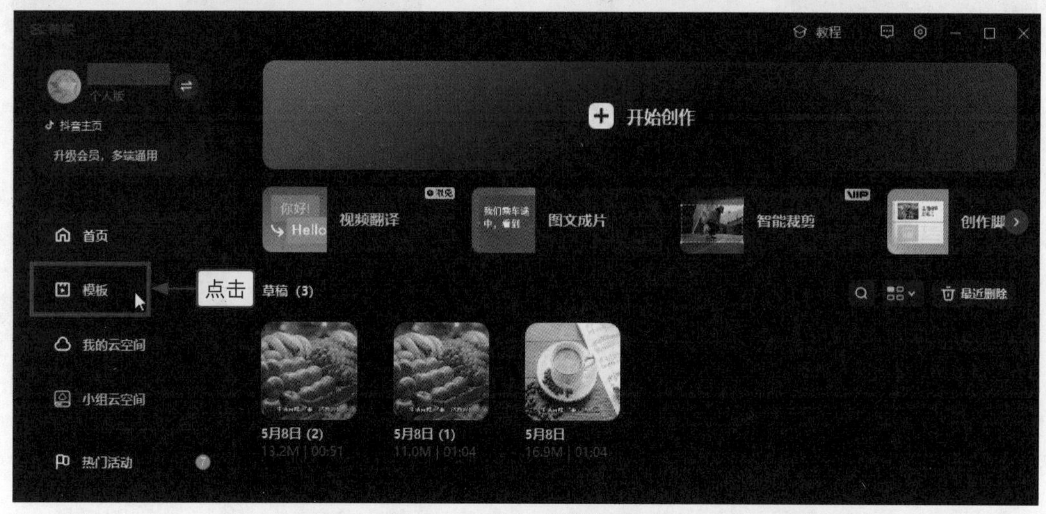

图 6-18　单击“模板”按钮

步骤 02　进入“模板”界面，即可查看剪映电脑版推荐的模板，如图 6-19 所示。

图 6-19　查看剪映电脑版推荐的模板

步骤 03　设置相关信息，对模板进行筛选，选择相应的模板，单击“使用模板”按钮，如图 6-20 所示。

图 6-20　单击“使用模板”按钮

步骤 04　执行操作后，会弹出模板的下载对话框，显示模板的下载进度，如图 6-21 所示。

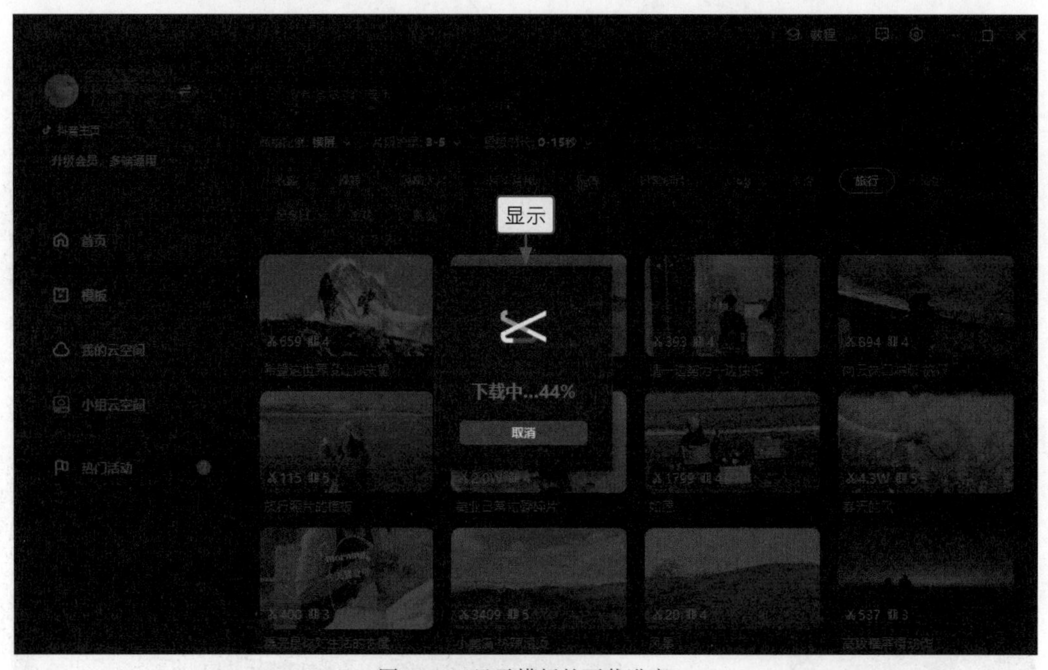

图 6-21　显示模板的下载进度

步骤 05　模板下载完成后，即可进入模板的编辑界面，查看模板的效果，如图 6-22 所示。

使用剪映电脑版生成短视频时，模板的选择会极大地影响最终的短视频效果，这主要是因为模板中的背景音乐、文字和滤镜等信息都会被套用。所以，在选择模板时，用户需要多查看几个模板，选择其中相对合适的一个。

图 6-22　查看模板的效果

实例 56　在剪映电脑版中替换短视频的素材

在剪映电脑版中选择合适的模板之后，用户可以对模板中的素材进行替换，生成一条自己满意的短视频，具体操作步骤如下。

步骤 01　在模板编辑界面的时间线窗口中，单击第一个视频片段中的“替换”按钮，如图 6-23 所示。

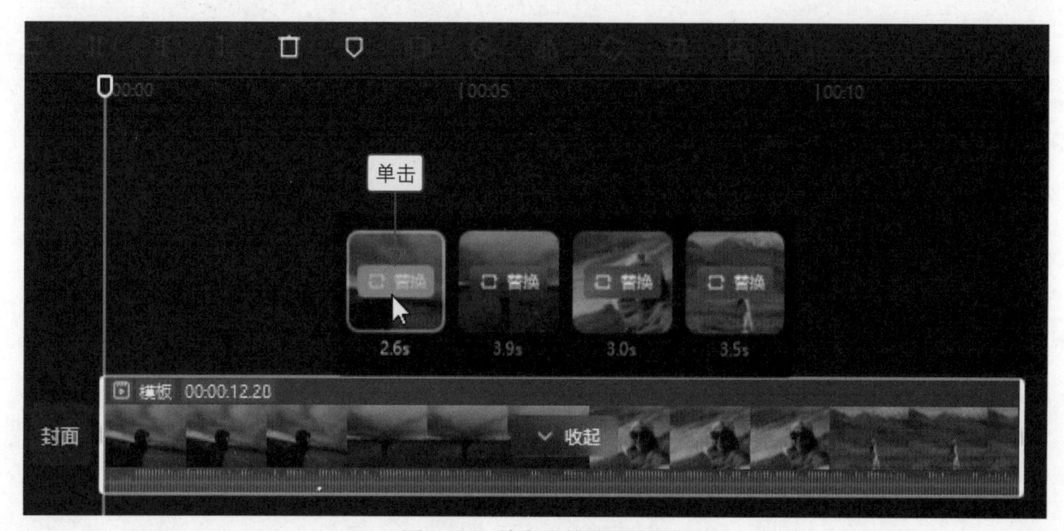

图 6-23　单击“替换”按钮

步骤 02　弹出“请选择媒体资源”对话框，在该对话框中选择合适的图片素材，单击“打开”按钮，如图 6-24 所示。

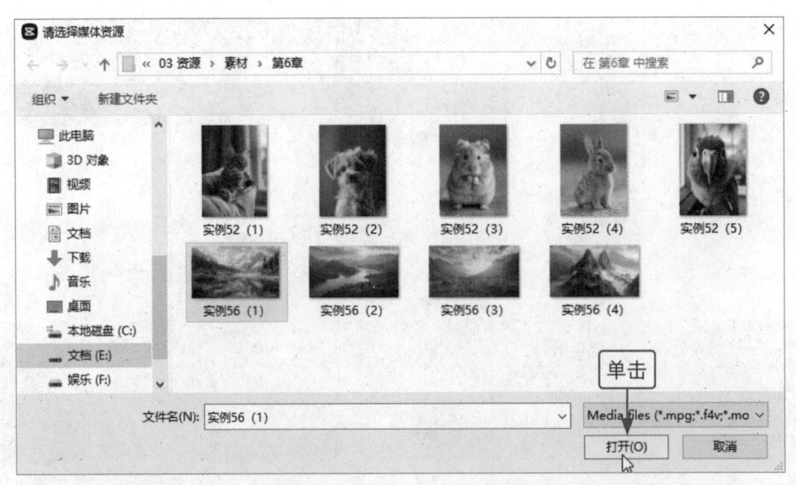

图 6-24　单击“打开”按钮

步骤 03　执行操作后，即可将该图片素材添加到视频轨道中，如图 6-25 所示，同时导入本地媒体资源库中。

图 6-25　将图片素材添加到视频轨道中

步骤 04　使用同样的操作方法，替换其他的图片素材，即可完成短视频的制作，如图 6-26 所示。

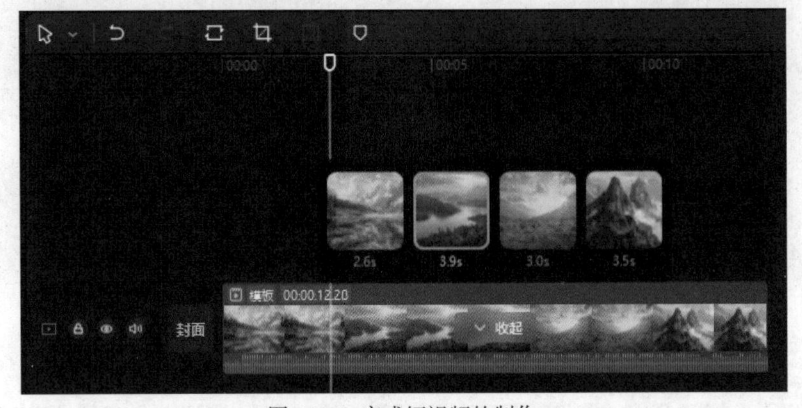

图 6-26　完成短视频的制作

除了替换素材，在借助剪映电脑版的模板生成短视频时，用户还可以对短视频进行一些其他的调整。例如，选中替换后的素材片段，可以在“画面”窗口中对所选素材片段的位置和大小进行调整。

实例 57　在剪映电脑版中预览并导出短视频

短视频素材替换完成后，便可以在剪映电脑版中预览短视频，如果对短视频的效果比较满意，还可以将其导出，具体操作步骤如下。

步骤 01　在剪映电脑版的“播放器”面板中单击▶按钮，播放短视频。单击⛶按钮，如图 6-27 所示，全屏显示短视频，预览短视频的效果。

图 6-27　单击⛶按钮

步骤 02　如果对短视频的效果比较满意，可以单击“导出”按钮，如图 6-28 所示，将短视频导出。

图 6-28　单击“导出”按钮（1）

步骤 03　执行操作后，会弹出“导出”对话框，如图 6-29 所示。

步骤 04　在“导出”对话框中设置短视频的导出信息，单击“导出”按钮，如图 6-30 所示，将短视频导出。

步骤 05　执行操作后，会弹出新的“导出”对话框，该对话框中会显示短视频的导出进度，如图 6-31 所示。

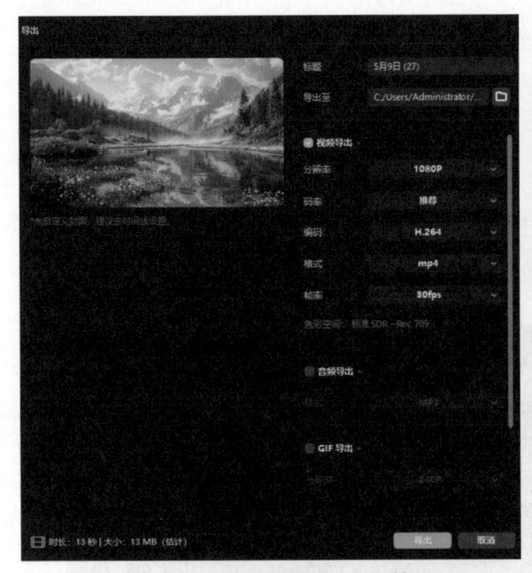

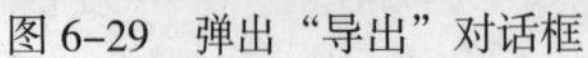
图 6-29　弹出“导出”对话框

图 6-30　单击“导出”按钮（2）

图 6-31　显示短视频的导出进度

步骤 06　如果新出现的对话框中显示“导出完成，去发布！”，就说明短视频导出成功了，如图 6-32 所示。

图 6-32　短视频导出成功

第 7 章　使用视频制作 AI 短视频

市面上可以使用的 AI 短视频制作工具有很多，借助这些工具，用户不仅可以使用文案和图片制作短视频，还可以使用视频制作短视频。本章就以必剪 App 和 Pika 为例，为大家讲解使用视频制作 AI 短视频的具体操作技巧。

7.1 使用必剪App导入视频生成短视频

效果展示 使用必剪 App 导入视频素材之后，用户可以借助“一键大片”功能快速生成所需的短视频，效果如图 7-1 所示。

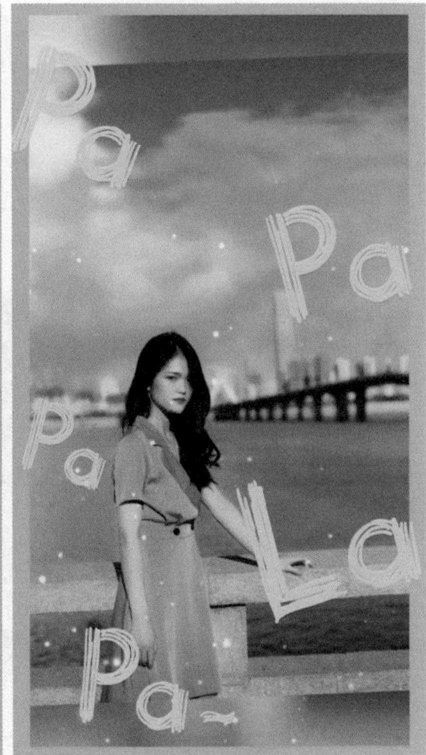

图 7-1　使用必剪 App“一键大片”功能生成的短视频效果

实例 58　在必剪 App 中导入视频素材

要使用必剪 App 的“一键成片”功能制作短视频，需要先导入相关的视频素材，下面就来介绍具体的操作方法。

步骤 01 打开必剪 App，点击“开始创作”按钮，如图 7-2 所示。

步骤 02 执行操作后，会自动跳转至“最近项目”界面，如图 7-3 所示。

步骤 03 在“最近项目”界面中选择视频素材，点击“下一步”按钮，如图 7-4 所示。

步骤 04 执行操作后，即可将视频素材导入必剪 App 的视频剪辑界面，如图 7-5 所示。

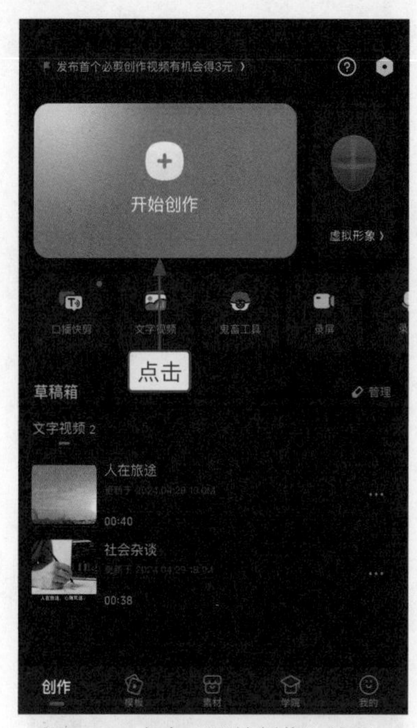

图 7–2　点击“开始创作”按钮

图 7–3　“最近项目”界面

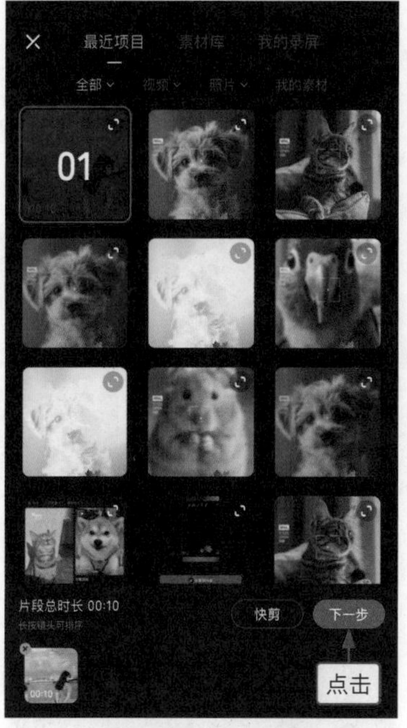

图 7–4　点击“下一步”按钮

图 7–5　将视频素材导入视频剪辑界面

实例 59　在必剪 App 中制作并调整短视频

视频素材导入成功后，用户可以借助“一键大片”功能制作短视频，并对制作的短视频进行调整，具体操作步骤如下。

步骤 01　点击“关闭原声”按钮，如图 7–6 所示，关闭视频素材中的背景音乐。

步骤 02 点击“一键大片”按钮，如图 7-7 所示，使用“一键大片”功能制作短视频。

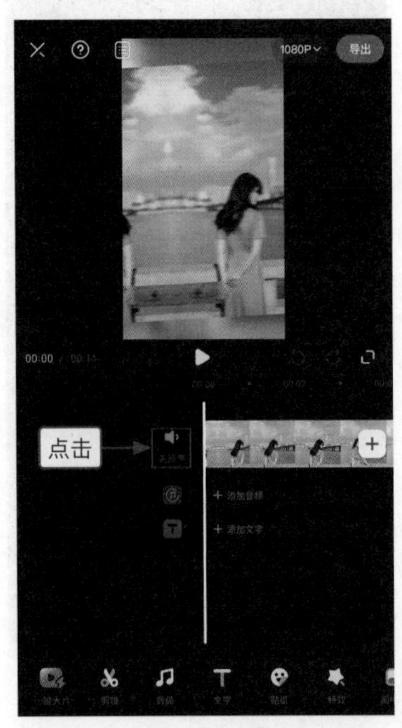

图 7-6 点击“关闭原声”按钮

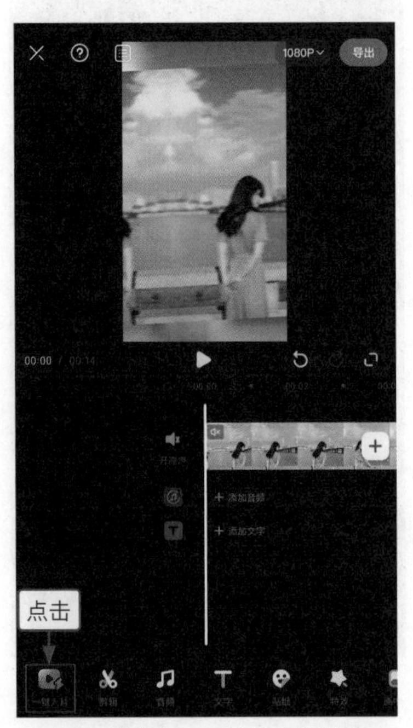

图 7-7 点击“一键大片”按钮

步骤 03 弹出“一键大片”面板，点击“VLOG”按钮，如图 7-8 所示，切换至“VLOG”选项卡。

步骤 04 在“VLOG”选项卡中选择合适的模板，点击✓按钮，如图 7-9 所示，确认使用该模板。

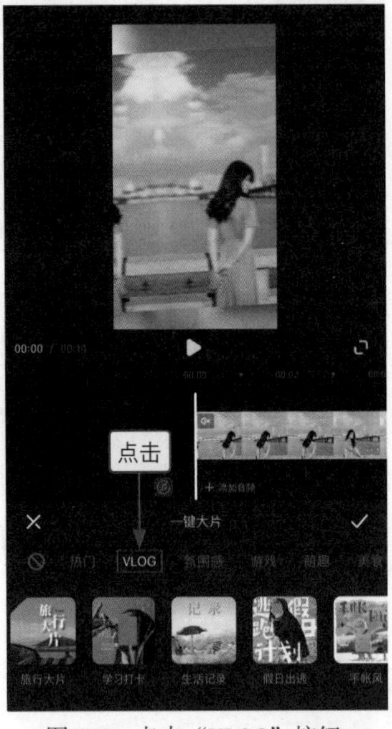

图 7-8 点击“VLOG”按钮

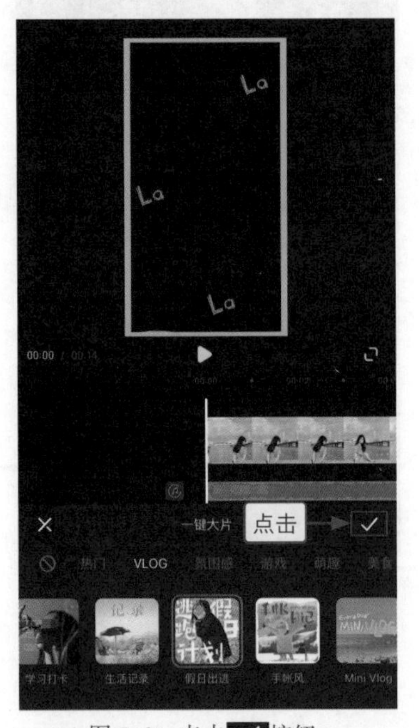

图 7-9 点击✓按钮

步骤 05 执行操作后，即可套用选中的模板制作一条短视频，选择短视频末尾的多余部分，点击按钮，如图 7-10 所示，将其删除。

步骤 06 在弹出的“是否确认删除”对话框中点击“确定”按钮，如图 7-11 所示，即可将多余的短视频内容删除，完成短视频的制作。

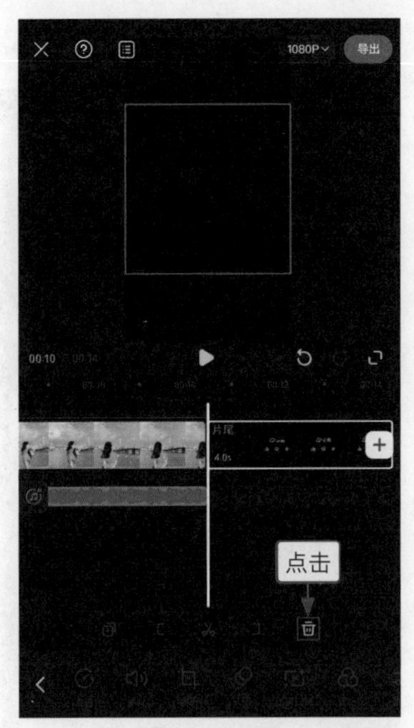

图 7–10　点击按钮

图 7–11　点击“确定”按钮

实例 60　在必剪 App 中导出并预览短视频

短视频制作完成后，用户可以在必剪 App 中导出并预览短视频，具体操作步骤如下。

步骤 01　点击视频剪辑界面右上方的“导出”按钮，如图 7–12 所示。

步骤 02　执行操作后，会显示短视频的生成进度，如图 7–13 所示。

图 7–12　点击“导出”按钮

图 7–13　显示短视频的生成进度

步骤 03　如果显示“视频已保存在本地相册”，就说明短视频生成成功了，如图 7–14 所示。

步骤 04 短视频生成成功后，只需点击▶按钮，如图 7-15 所示，即可预览短视频的效果。

图 7-14 短视频生成成功

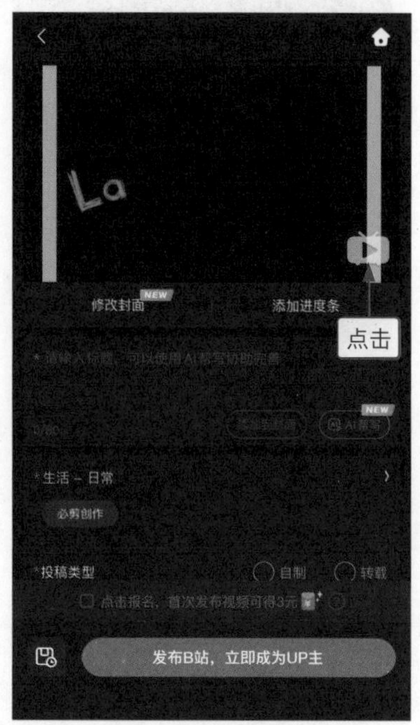

图 7-15 点击▶按钮

7.2 使用Pika上传视频生成短视频

效果展示 使用 Pika 上传视频素材之后，用户可以对相关信息进行设置，并快速生成所需短视频，效果如图 7-16 所示。

图 7-16 使用 Pika 上传视频素材生成的短视频效果

实例 61　在 Pika 中上传视频素材

在 Pika 中生成短视频时，用户可以先上传视频素材，然后利用视频素材制作短视频。具体来说，用户可以通过以下操作，在 Pika 中上传视频素材。

步骤 01　进入 Pika 的“Explore”界面，单击界面下方的“Image or video 按钮”，如图 7-17 所示。

图 7-17　单击“Image or video”按钮

步骤 02　在弹出的“打开”对话框中选择需要的视频素材，单击“打开”按钮，如图 7-18 所示。

图 7-18　单击“打开”按钮

步骤 03　执行操作后，如果 Pika 的“Explore”界面中显示对应视频素材的封面，就说明视频素材上传成功了，如图 7-19 所示。

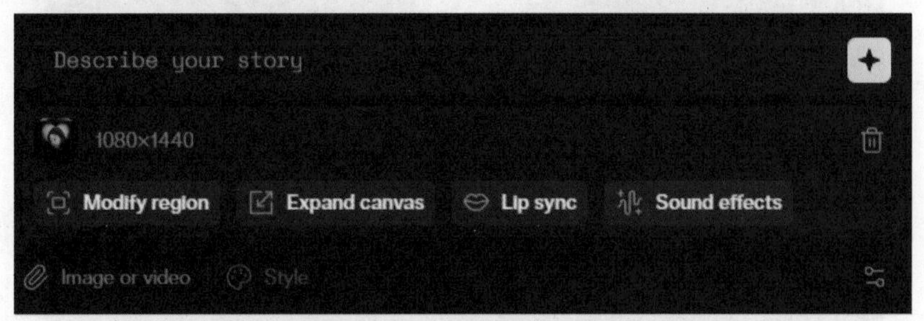

图 7-19　视频素材上传成功

实例 62　在 Pika 中用视频素材制作短视频

在 Pika 中成功上传视频素材之后，便可以使用视频素材制作一条短视频，具体操作步骤如下。

步骤 01　进入 Pika 的 “Explore” 界面，单击界面下方的输入框，在输入框中输入提示词，如图 7-20 所示。

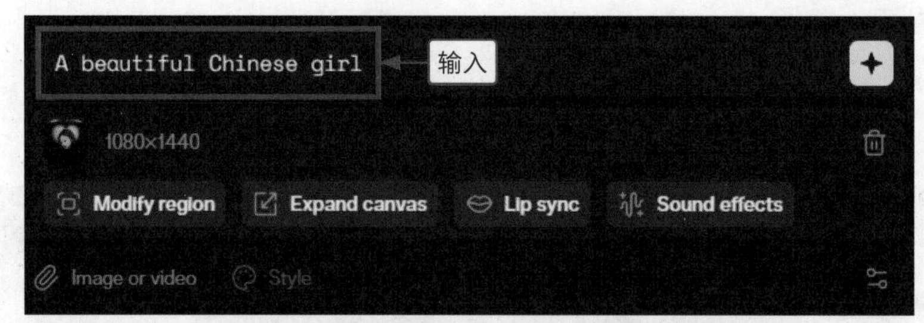

图 7-20　在输入框中输入提示词

步骤 02　单击视频素材封面下方的对应按钮，进行短视频信息的设置。以给人物换脸为例，只需单击 “Modlfy reglon”（修改区域）按钮即可，如图 7-21 所示。

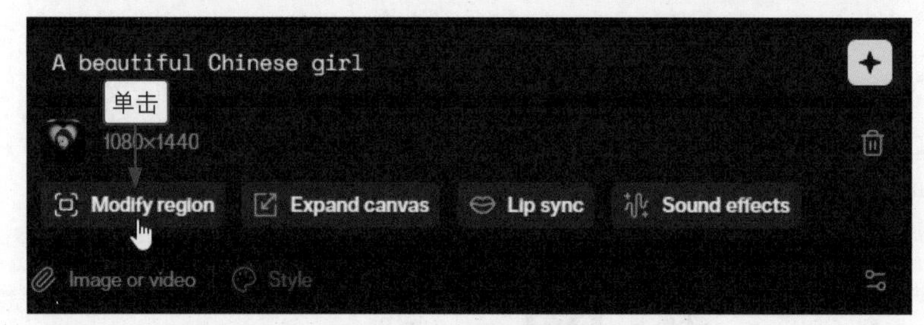

图 7-21　单击 “Modlfy reglon” 按钮

步骤 03　在新弹出的短视频预览对话框中选中人物的面部，单击✦按钮，如图 7-22 所示，制作短视频。

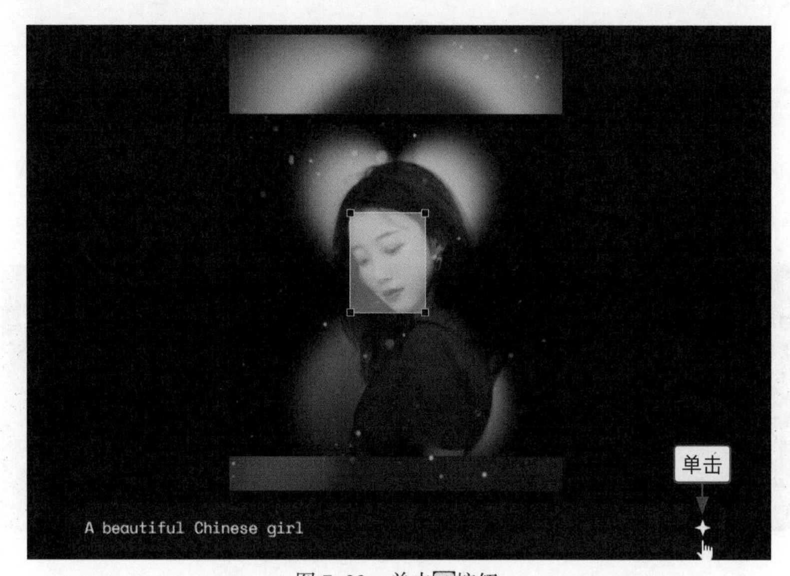

图 7-22　单击✦按钮

温馨提示

在 Pika 中通过上传视频素材生成新的短视频时，可以进行修改区域、画布调整、唇形同步（即短视频人物的口形和语音信息保持一致）和添加音效等设置，但是每条短视频只能选择一项设置进行操作。也就是说，如果要进行多项设置，需要先设置一项并生成短视频，然后在生成的短视频上进行其他的设置。

步骤 04 执行操作后，单击“My Library”按钮，进入对应界面，该界面中会显示短视频的生成进度，如图 7-23 所示。

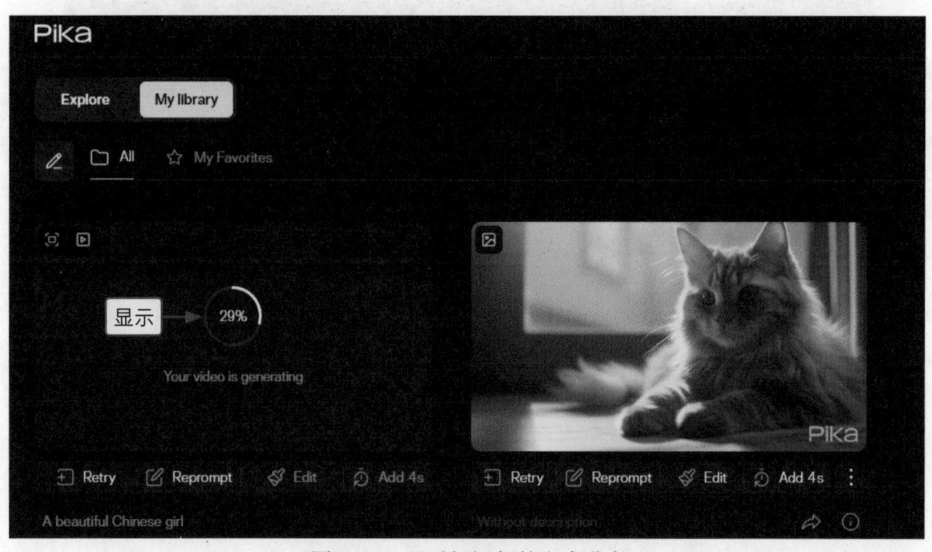

图 7-23　显示短视频的生成进度

步骤 05 如果显示对应短视频的封面，就说明该短视频制作成功了，如图 7-24 所示。

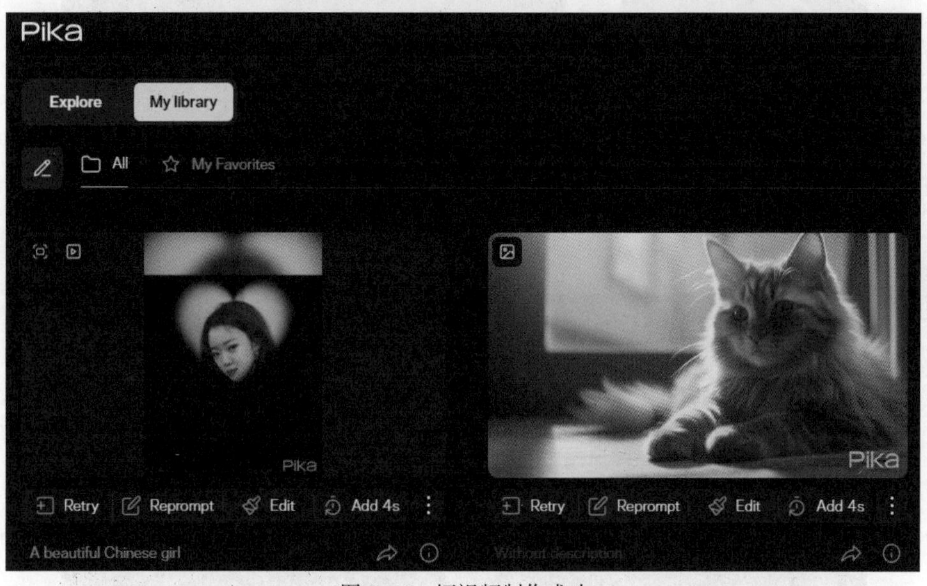

图 7-24　短视频制作成功

实例 63　在 Pika 中调整短视频的效果

短视频制作成功之后，用户还可以根据自身需求调整短视频的效果。下面就以调整短视频的画布比例为例，为大家介绍具体的操作方法。

步骤 01 在 Pika 中成功制作短视频之后，单击短视频封面下方的“Edit”（编辑）按钮，如图 7-25 所示。

图 7-25　单击“Edit”按钮

步骤 02　执行操作后，“My Library”界面的下方会显示该短视频的相关信息，单击“Expand canvas”（展开画布）按钮，如图 7-26 所示。

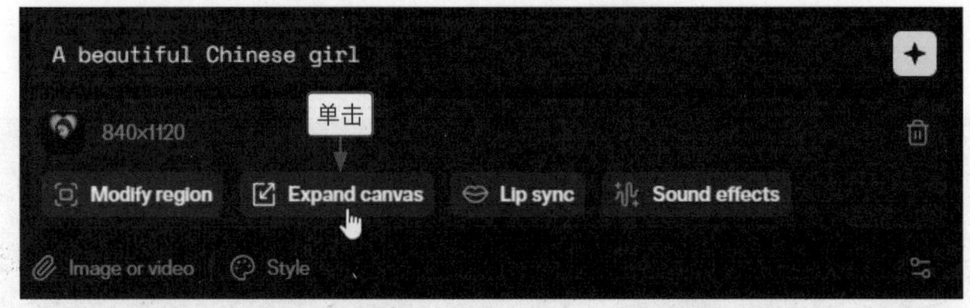

图 7-26　单击“Expand canvas”按钮

步骤 03　在展开画布的相关面板中选择画布的比例，单击✦按钮，如图 7-27 所示。

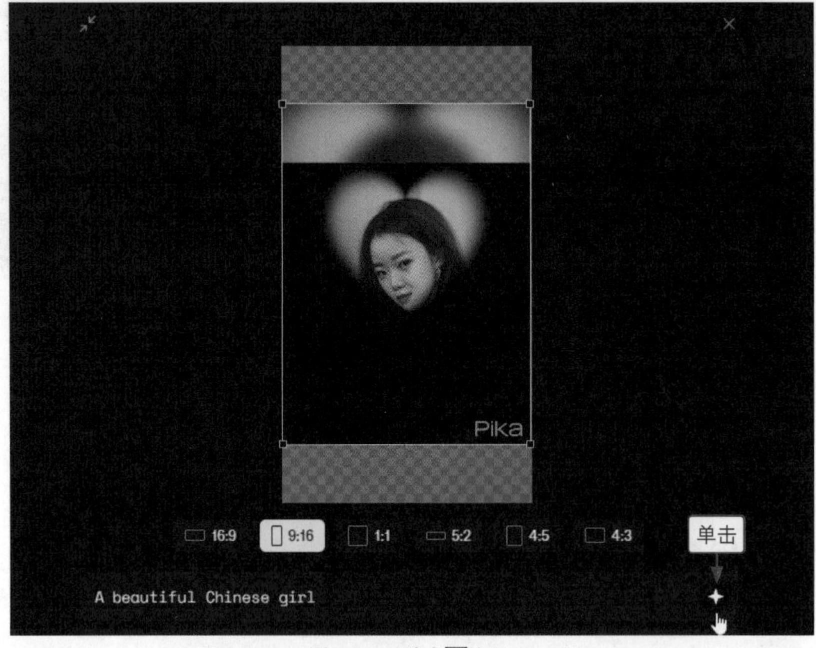

图 7-27　单击✦按钮

步骤 04　执行操作后，进入“My Library”界面，查看短视频的生成进度，如图 7-28 所示。

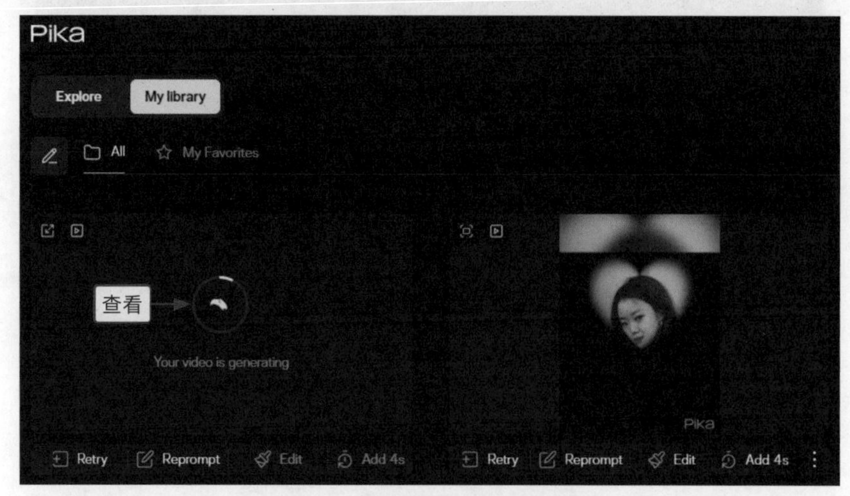

图 7-28　查看短视频的生成进度

步骤 05　如果显示对应短视频的封面，就说明调整后的短视频制作成功了，如图 7-29 所示。

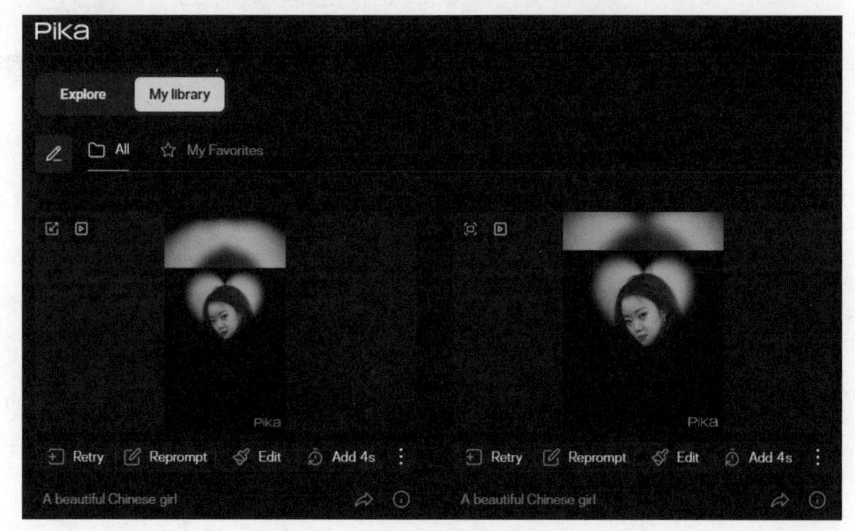

图 7-29　调整后的短视频制作成功

调整短视频生成的新视频中，原有的音频会消失。如果用户觉得短视频中没有音频会显得有些单调，可以使用 Pika 添加音效，或使用剪映等工具添加背景音乐。

实例 64　在 Pika 中导出制作好的短视频

调整并制作好短视频之后，即可将其导出，并保存到电脑中备用，具体操作步骤如下。

步骤 01　进入 Pika 的“My Library”界面，将鼠标指针放置在短视频所在的区域，单击短视频封面右侧的⬇按钮，如图 7-30 所示。

步骤 02　执行操作后，使用浏览器下载对应的短视频，如果弹出一个对话框，并显示“完成”，就说明短视频导出成功了，如图 7-31 所示。

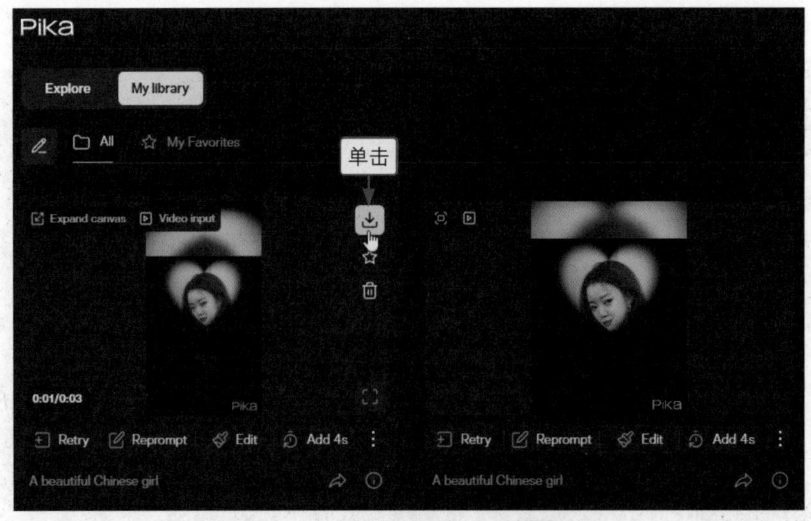

图 7-30　单击短视频封面右侧的按钮

图 7-31　短视频导出成功

步骤 03　单击浏览器中的按钮，会显示“近期的下载记录”，单击短视频名称右侧的“在文件夹中显示”按钮，如图 7-32 所示，即可在对应文件夹中查看短视频，或将短视频复制、粘贴至其他位置。

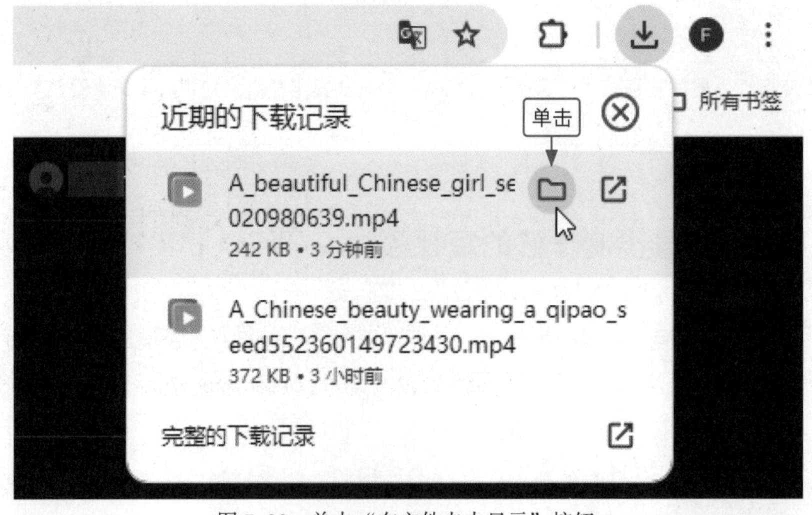

图 7-32　单击“在文件夹中显示”按钮

第 8 章　使用数字人制作 AI 短视频

近年来，短视频呈现出爆发式增长，成为一种广受欢迎的内容形式，并逐渐取代长视频成为人们获取信息的主要途径。数字人可以变身为短视频博主，轻松打造不同风格的虚拟网红形象。本章将重点介绍使用数字人制作 AI 短视频的技巧。

8.1 使用腾讯智影制作AI数字人短视频

效果展示 腾讯智影中提供了很多数字人模板，用户可以选择合适的模板，制作 AI 数字人短视频，效果如图 8-1 所示。

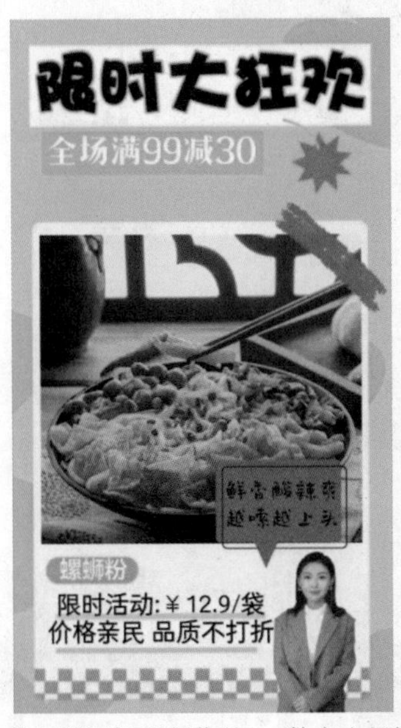

图 8-1 使用腾讯智影制作的 AI 数字人短视频效果

实例 65 在腾讯智影中选择数字人模板

在腾讯智影中生成 AI 数字人短视频时，用户需要先选择一个合适的数字人模板，具体操作步骤如下。

步骤 01 进入腾讯智影的“创作空间”界面，单击“数字人播报”面板中的“去创作”按钮，如图 8-2 所示。

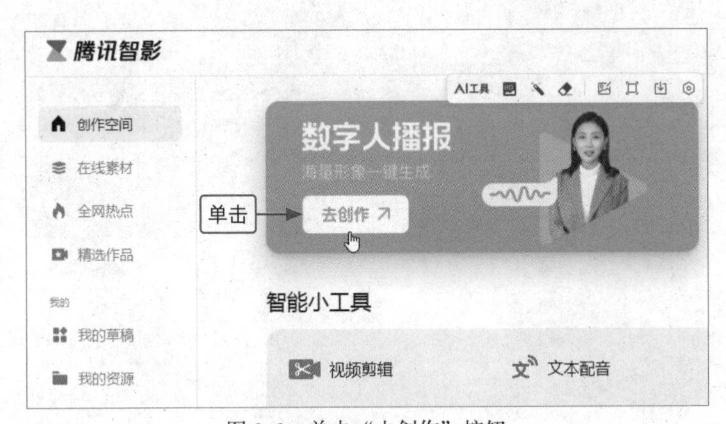

图 8-2 单击“去创作”按钮

步骤 02 执行操作后，进入相应界面，展开“模板”面板，单击“竖版”按钮，如图 8-3 所示，切换选项卡。

步骤 03 选择一个数字人模板，单击预览图右上角的按钮，如图 8-4 所示，确认使用该数字人模板。

图 8-3 单击“竖版”按钮

图 8-4 单击预览图右上角的按钮

步骤 04 弹出选中的数字人模板的预览对话框（只有第一次使用模板才会弹出该对话框），如果确定要使用该模板，只需单击该对话框中的“应用”按钮即可，如图 8-5 所示。

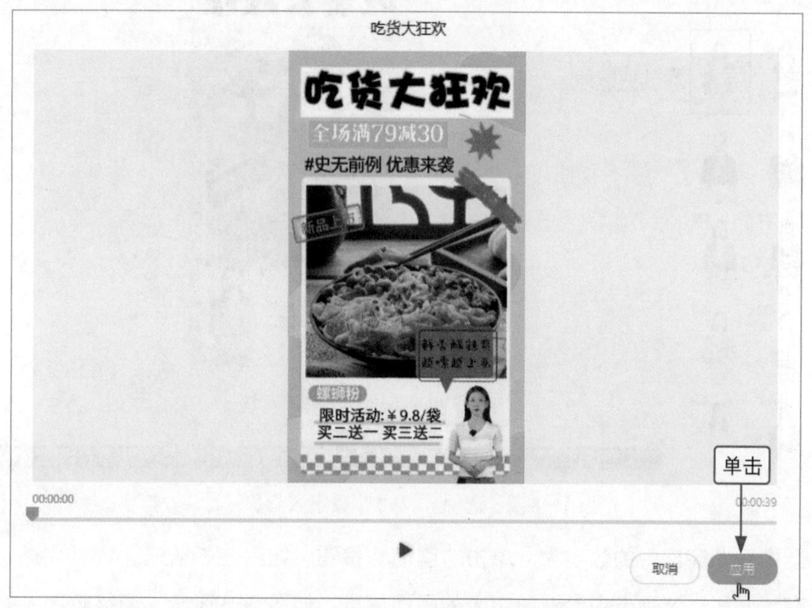

图 8-5 单击“应用”按钮

步骤 05 执行操作后，即可应用选中的数字人模板，并将数字人模板添加至预览窗口中，如图 8-6 所示。

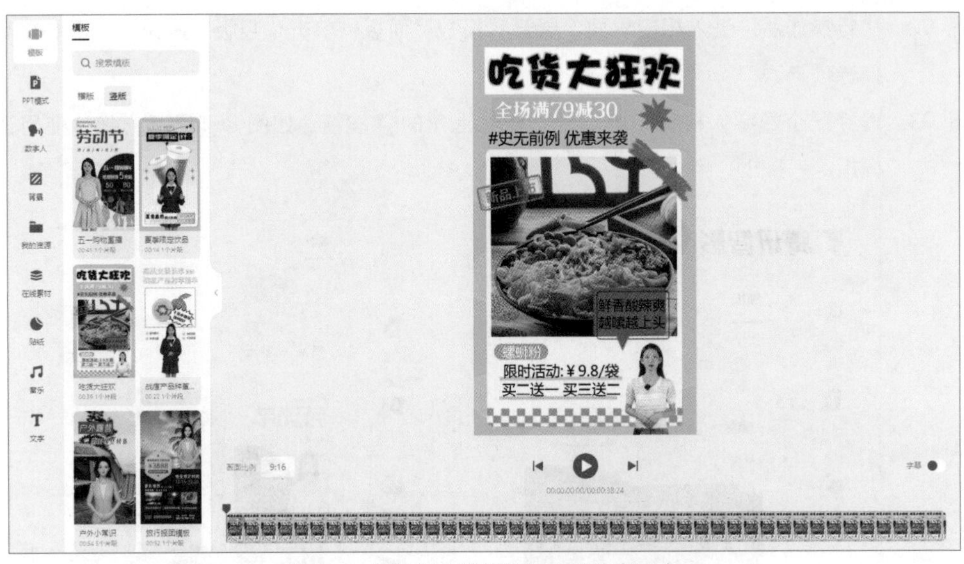

图 8-6 将数字人模板添加至预览窗口中

实例 66 在腾讯智影中调整数字人的信息

腾讯智影提供了多种数字人形象编辑工具，可以帮助用户快速调整数字人的相关信息，下面介绍具体的操作方法。

步骤 01 展开“数字人”面板，在“预置形象”选项卡中，选择“又琳”数字人形象，如图 8-7 所示。

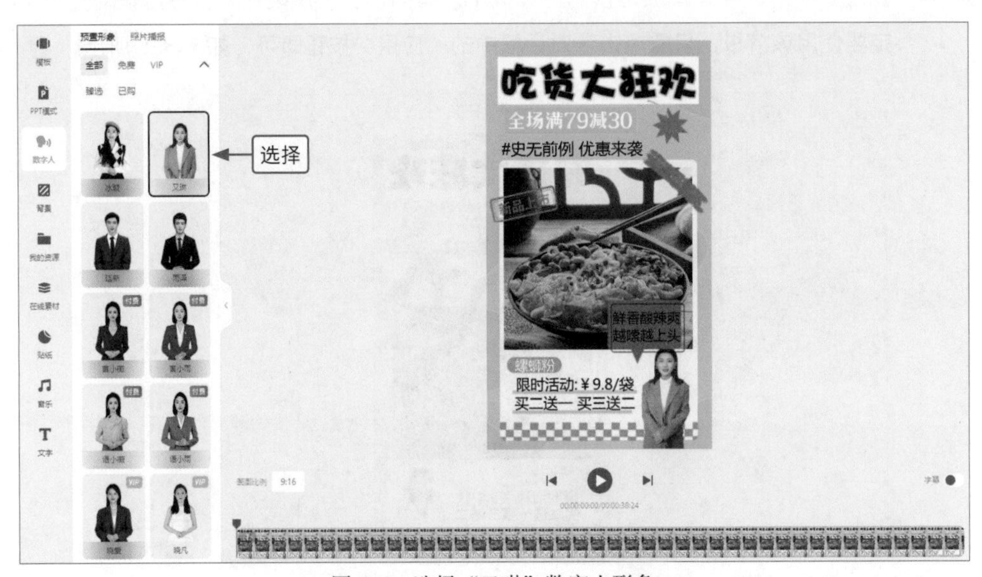

图 8-7 选择“又琳”数字人形象

步骤 02 选中预览窗口中的数字人，单击“画面”按钮，如图 8-8 所示。

步骤 03 在“画面”选项卡中设置数字人的画面信息，如图 8-9 所示，调整数字人的显示效果。

步骤 04 单击“返回内容编辑”按钮，在输入框中输入文案内容，单击“保存并生成播报”按钮，如图 8-10 所示，生成数字人播报内容，即可完成数字人信息的调整。

图 8-8　单击“画面”按钮

图 8-9　设置数字人的画面信息

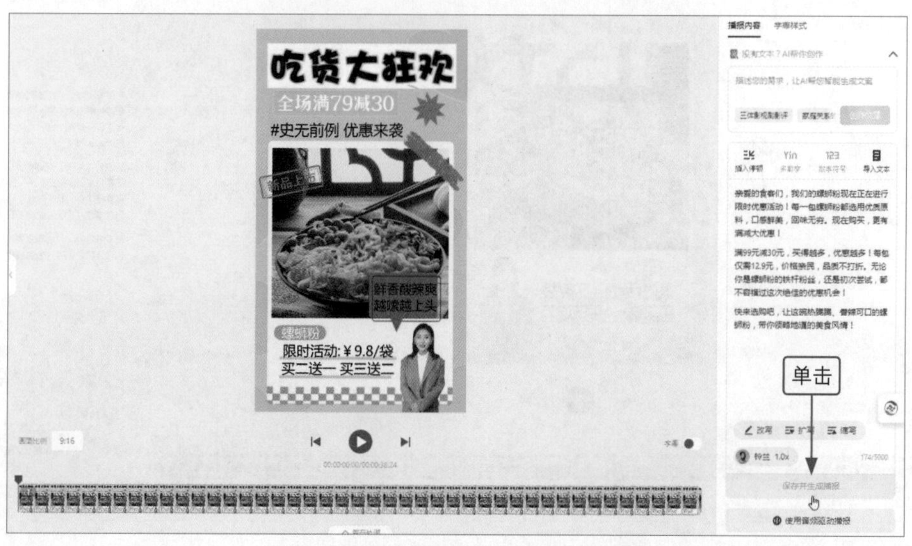

图 8-10　单击“保存并生成播报”按钮

实例 67　在腾讯智影中调整短视频的字幕

在腾讯智影中使用数字人模板生成视频时，除了数字人信息，用户还需要对短视频的字幕信息进行调整。下面就来介绍短视频字幕的调整方法。

步骤 01　选中需要删除的字幕，单击鼠标右键，在弹出的快捷菜单中选择“删除”选项，如图 8-11 所示，将其删除。

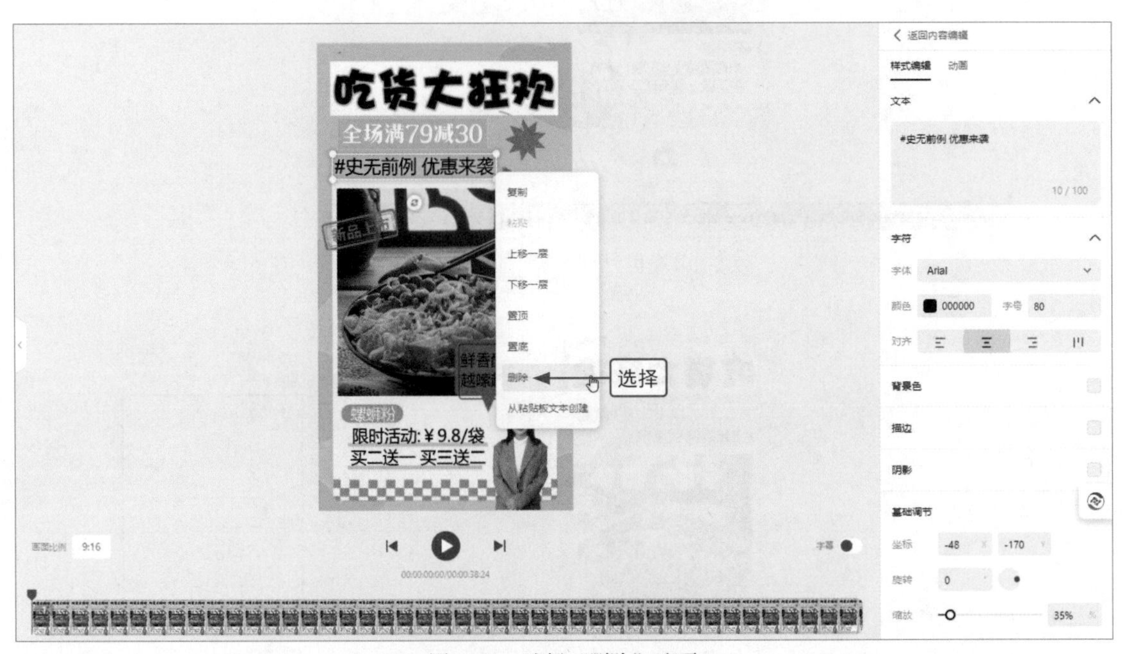

图 8-11　选择“删除”选项

步骤 02　使用同样的方法，删除其他多余的字幕，效果如图 8-12 所示。

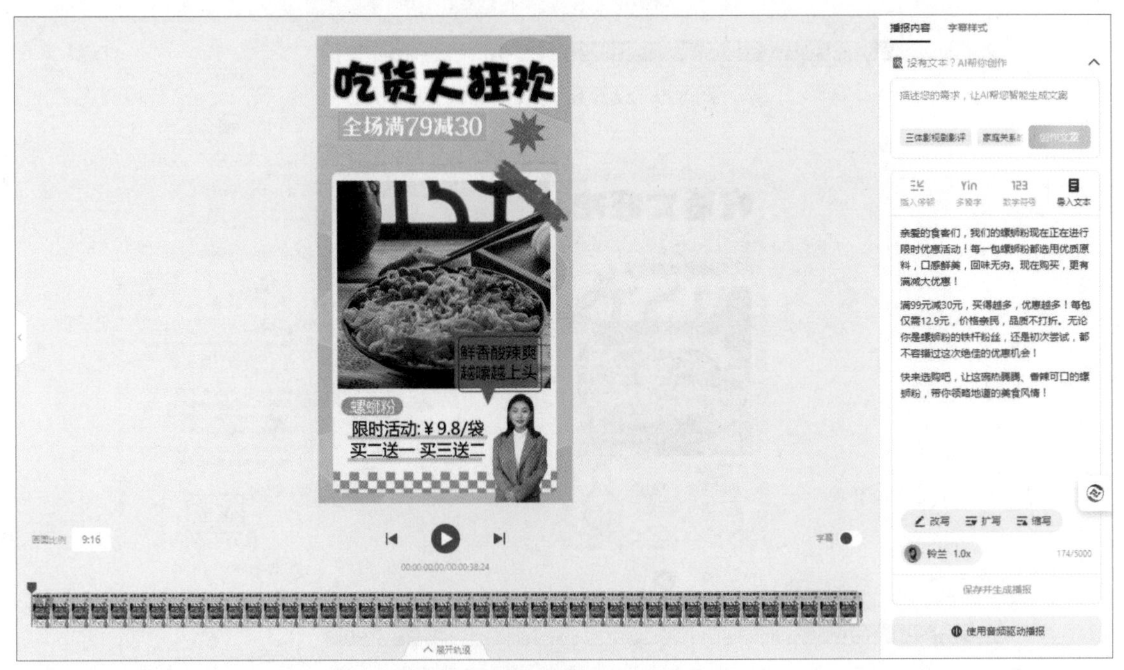

图 8-12　删除其他多余字幕的效果

步骤 03 选中需要调整的字幕，在右侧的文本框中输入正确的信息，并设置“字符”的相关信息，如图 8-13 所示。

步骤 04 使用同样的方法，调整其他的字幕信息，完成短视频字幕的调整，效果如图 8-14 所示。

图 8-13 设置“字符”的相关信息

图 8-14 完成短视频字幕的调整

实例 68 在腾讯智影中合成并导出短视频

在腾讯智影中对短视频的字幕进行调整之后，基本就可以合成并导出短视频了。下面就来介绍短视频的合成和导出方法。

步骤 01 单击腾讯智影“模板”界面右上方的“合成视频”按钮，如图 8-15 所示，合成短视频。

图 8-15 单击“合成视频”按钮

步骤 02 执行操作后，会弹出“合成设置”对话框，如图 8-16 所示。

步骤 03 在“合成设置”对话框中设置短视频的名称，单击“确定”按钮，如图 8-17 所示，确定合成短视频。

图 8-16 弹出“合成设置”对话框

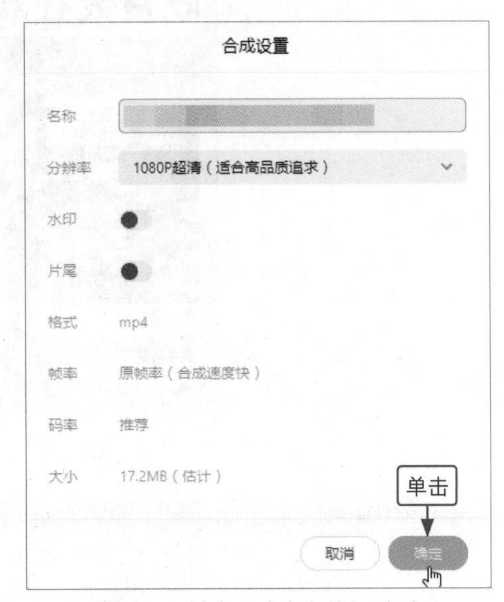

图 8-17 单击“确定”按钮（1）

步骤 04 在弹出的“功能消耗提示”对话框中，单击“确定”按钮，如图 8-18 所示（有时候系统会跳过这一步）。

步骤 05 执行操作后，跳转至“我的资源”界面并进行短视频的合成，将鼠标指针放置在短视频封面上，单击 ✂ 按钮，如图 8-19 所示。

图 8-18　单击“确定”按钮（2）　　　　图 8-19　单击 ✂ 按钮

步骤 06　进入短视频的剪辑界面，将时间轴拖曳至音频播放完成的位置，单击“分割”按钮，如图 8-20 所示。

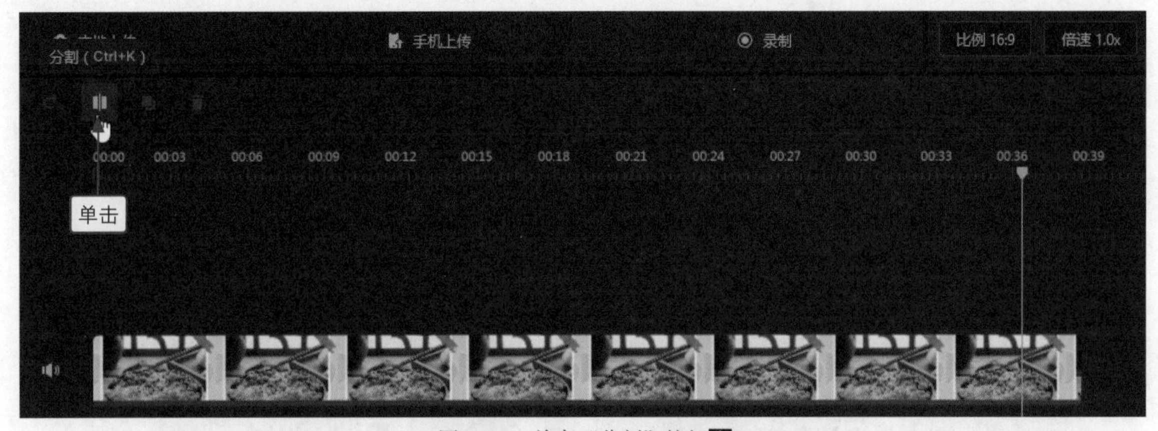

图 8-20　单击“分割”按钮

步骤 07　选择多余的短视频片段，单击“删除”按钮，如图 8-21 所示，将多余的短视频片段删除。

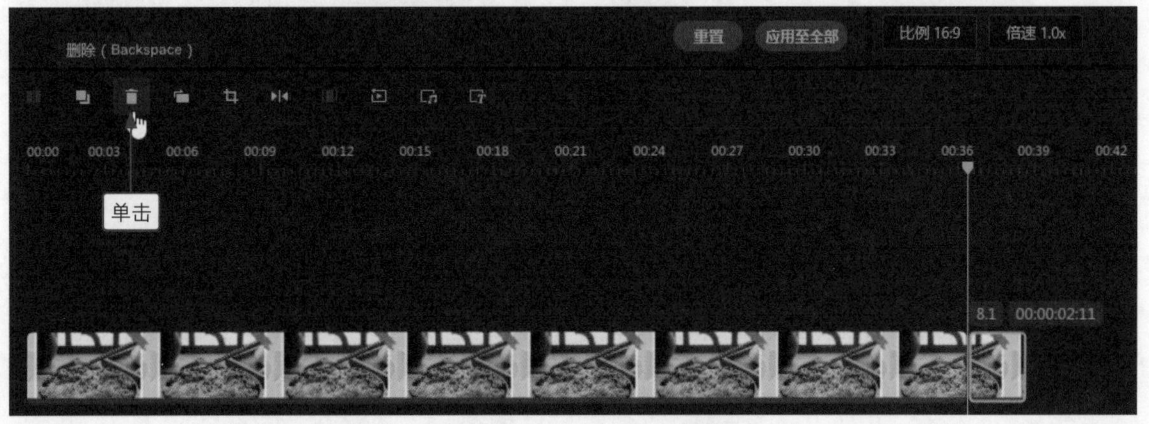

图 8-21　单击“删除”按钮

步骤 08　单击剪辑界面上方的“合成”按钮，如图 8-22 所示，对剪辑后的短视频进行合成。短视频合成完成后，单击“我的资源”界面中对应短视频的封面，即可进入短视频预览界面，查看短视频的效果。

图 8-22　单击“合成”按钮

8.2 使用剪映电脑版制作AI数字人短视频

效果展示　AI 数字人短视频除了可以在腾讯智影中制作，还可以在剪映电脑版中制作。本节将为大家介绍如何使用剪映电脑版制作 AI 数字人短视频，最终效果如图 8-23 所示。

图 8-23　使用剪映电脑版制作的 AI 数字人短视频效果

实例 69　在剪映电脑版中添加背景素材

数字人素材的背景一般是黑色的，为了让画面更美观，可以添加背景素材。下面介绍添加背景素材的操作方法。

步骤 01 打开剪映电脑版，单击“首页”界面中的“开始创作”按钮，如图 8-24 所示。

图 8-24　单击“开始创作”按钮

步骤 02 在“媒体”→“本地”选项卡中，单击“导入”按钮，如图 8-25 所示。

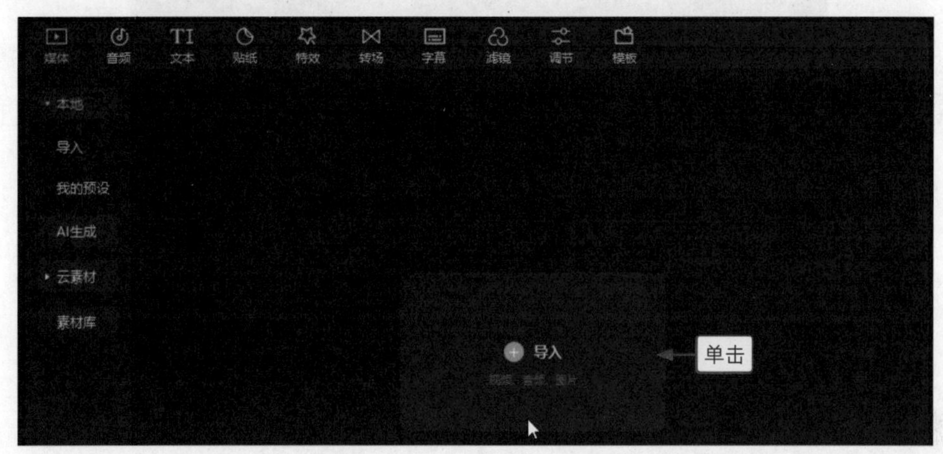

图 8-25　单击“导入”按钮

步骤 03 在弹出的“请选择媒体资源”对话框中，选择背景素材，单击“打开”按钮，如图 8-26 所示。

图 8-26　单击“打开”按钮

步骤 04 导入背景素材后，单击背景素材右下角的“添加到轨道”按钮，如图 8-27 所示。

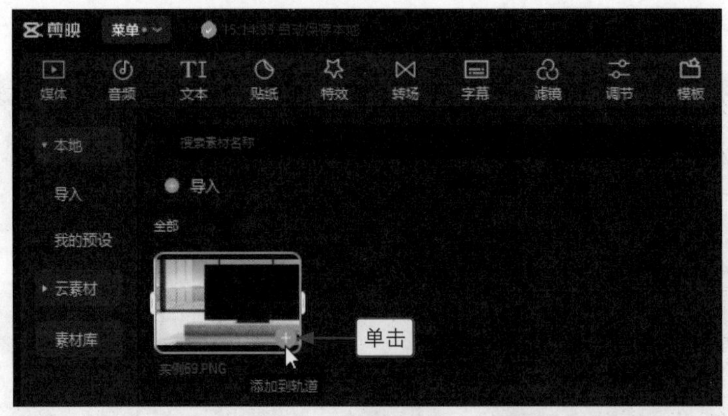

图 8-27　单击“添加到轨道”按钮

步骤 05　执行操作后，即可将背景素材添加到视频轨道中，如图 8-28 所示。

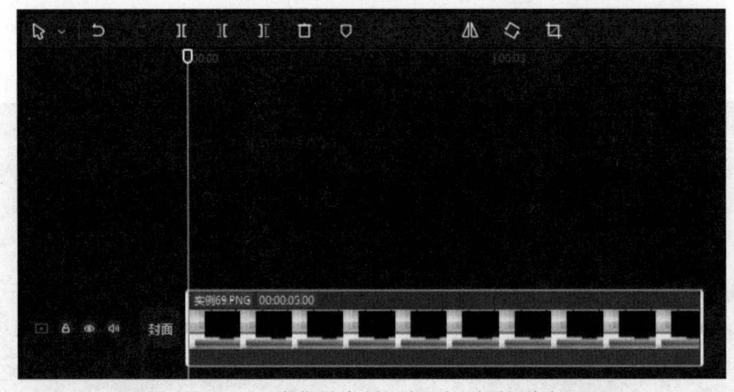

图 8-28　将背景素材添加到视频轨道中

实例 70　在剪映电脑版中添加数字人素材

在添加数字人素材时，我们可以先使用“智能文案”功能生成讲解文案，再制作数字人素材。不过需要注意的是，即使使用相同的提示词，每次生成的文案也不一样。下面介绍添加数字人素材的操作方法。

步骤 01　单击“文本”按钮，进入“文本”功能区，单击“默认文本”右下角的“添加到轨道”按钮，如图 8-29 所示，添加文本。

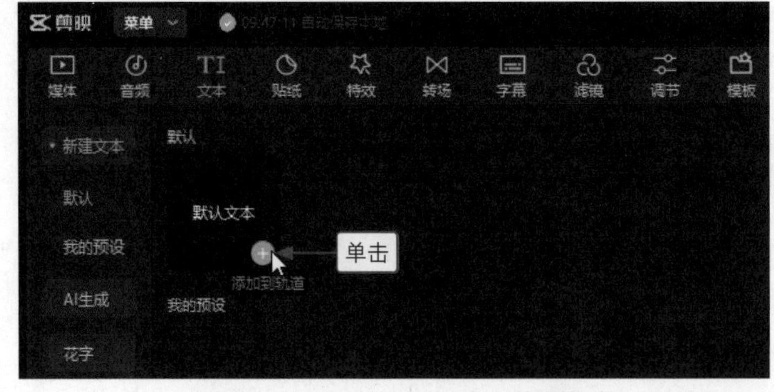

图 8-29　单击“添加到轨道”按钮

步骤 02 在“文本”操作区中，单击“智能文案”按钮，输入文案的提示词，单击按钮，如图 8-30 所示。

图 8-30 单击按钮

步骤 03 稍等片刻，剪映电脑版会根据提示词生成文案，单击“确认”按钮，如图 8-31 所示。

步骤 04 选择“默认文本”，单击“删除”按钮，如图 8-32 所示。

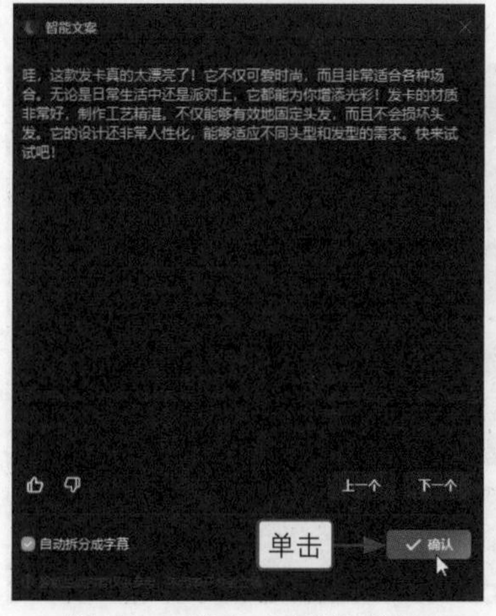

图 8-31 单击“确认”按钮

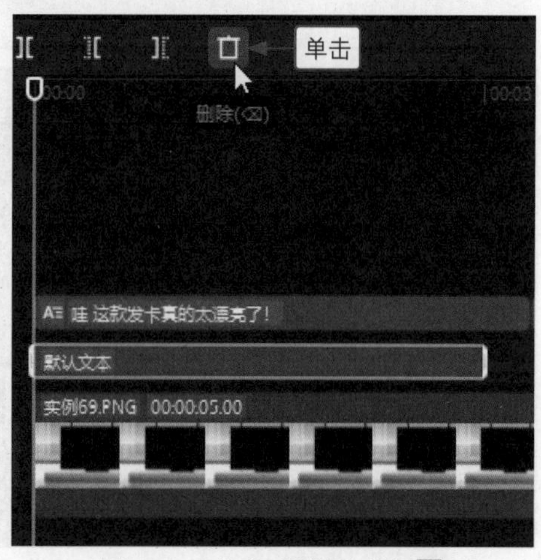

图 8-32 单击“删除”按钮

步骤 05 全选文本素材，在“播放器”面板中调整字幕的位置，设置字幕的字体和字号，如图 8-33 所示。

图 8-33 设置字幕的字体和字号

步骤 06 切换至“花字”选项卡，选择一款花字样式，如图 8-34 所示。

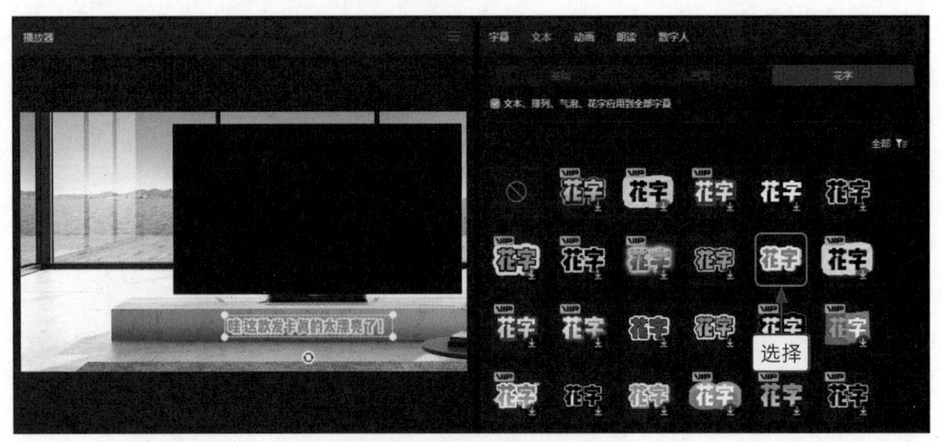

图 8-34　选择一款花字样式

步骤 07 选择第一条字幕，对字幕内容进行调整，如图 8-35 所示。使用同样的方法，调整其他的字幕内容。

图 8-35　对字幕内容进行调整

步骤 08 切换至“数字人”操作区，选择数字人的样式，单击“添加数字人”按钮，如图 8-36 所示。

图 8-36　单击“添加数字人”按钮

步骤 09 稍等片刻，即可生成数字人素材，调整数字人在画面中的位置，使数字人处于画面的左侧，如图 8-37 所示。

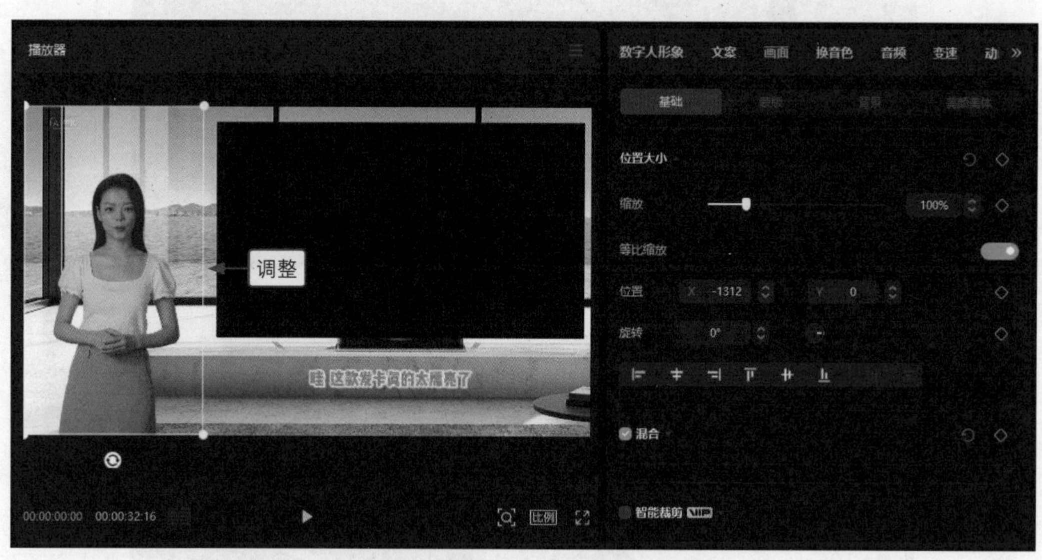

图 8-37 调整数字人在画面中的位置

实例 71 在剪映电脑版中添加视频素材

如果感觉黑色的背景过于单调，可以添加一个视频素材，让整个画面更具有观赏性。下面介绍添加视频素材的操作方法。

步骤 01 将视频素材导入剪映电脑版的媒体库中，在“媒体”→“本地”选项卡中，单击视频素材右下角的“添加到轨道”按钮，如图 8-38 所示。

图 8-38 单击“添加到轨道”按钮

步骤 02 把视频素材拖曳至数字人素材轨道上方，调整视频素材的时长，如图 8-39 所示，使其与数字人素材的时长一致。

步骤 03 选择视频素材，调整其位置和大小，如图 8-40 所示，使视频素材出现在画面中的合适位置。

图 8-39 调整视频素材的时长

图 8-40 调整视频素材的位置和大小

实例 72 在剪映电脑版中添加贴纸和片尾素材

为了让短视频的画面更加有趣且不单调，可以为短视频添加合适的贴纸；还可以在“素材库”面板中，为短视频添加片尾素材。下面介绍添加贴纸和片尾素材的操作方法。

步骤 01 拖曳时间轴至短视频的起始位置，单击“贴纸”按钮，进入“贴纸”功能区，在搜索栏中输入“录制边框”，如图 8-41 所示，按【Enter】键进行搜索。

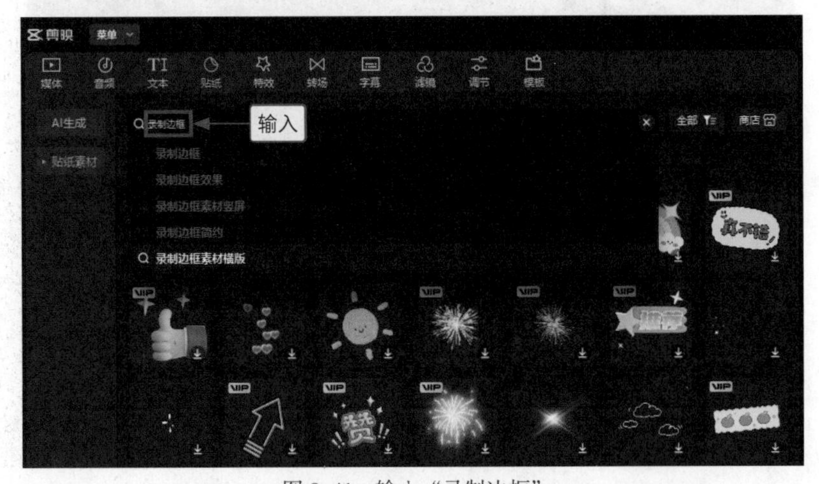

图 8-41 输入“录制边框”

步骤 02 执行操作后，选择一款贴纸，单击所选贴纸右下角的“添加到轨道”按钮，如图 8-42 所示，添加贴纸。

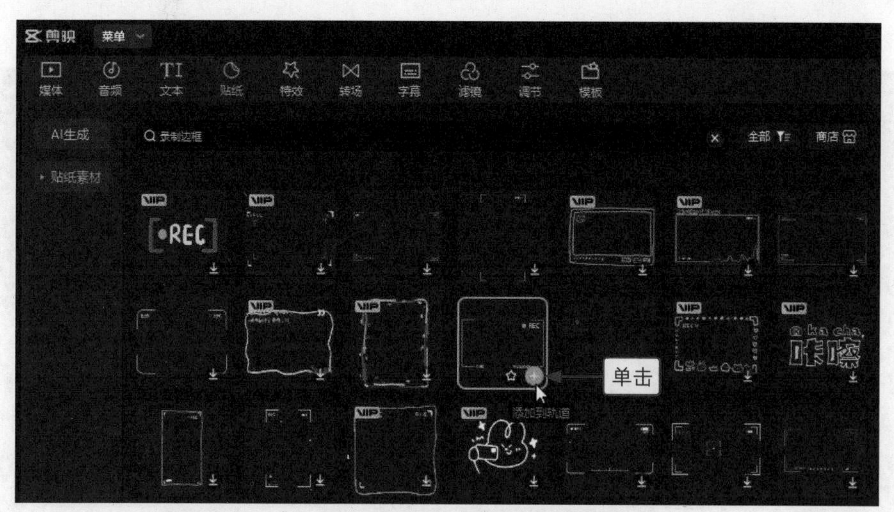

图 8-42　单击“添加到轨道”按钮（1）

步骤 03 执行操作后，即可将贴纸添加至轨道中，调整贴纸的时长，如图 8-43 所示，使其对齐数字人素材的时长。

图 8-43　调整贴纸的时长

步骤 04 在“播放器”面板中调整贴纸的大小和位置，如图 8-44 所示，使贴纸出现在合适的位置。

图 8-44　调整贴纸的大小和位置

步骤 05 拖曳时间轴至短视频的末尾位置，单击“媒体”按钮，进入“媒体”功能区，切换至“素材库”→“片尾”选项卡，选择一个片尾素材，单击所选片尾素材右下角的“添加到轨道”按钮，如图 8-45 所示。

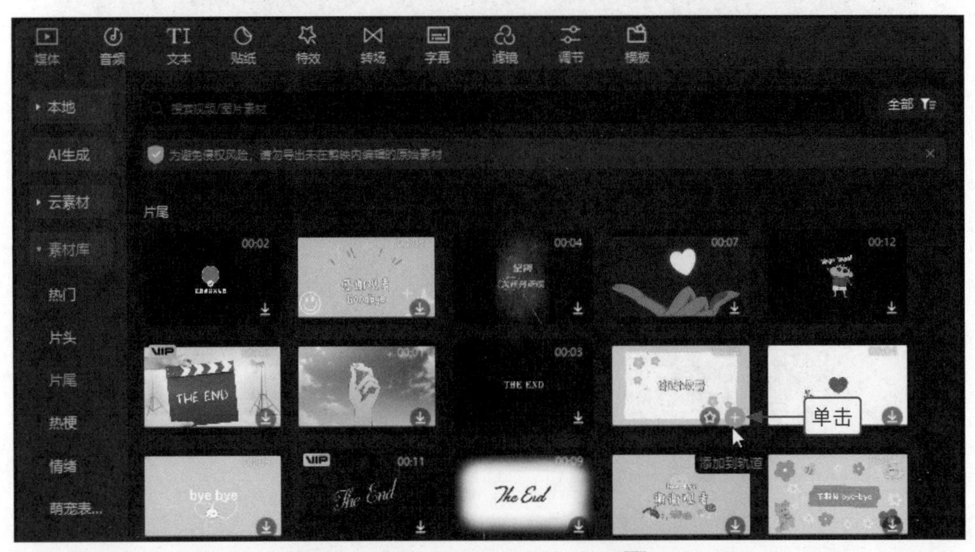

图 8-45　单击“添加到轨道”按钮（2）

步骤 06 执行操作后，即可为短视频添加一个片尾素材，如图 8-46 所示。

图 8-46　为短视频添加一个片尾素材

实例 73　在剪映电脑版中添加音乐并导出短视频

为了让短视频更加生动，可以为短视频添加合适的音乐，音乐添加完成后，如果对短视频的效果比较满意便可将其导出，下面介绍具体的操作方法。

步骤 01 拖曳时间轴至短视频的起始位置，单击“音频”按钮，进入“音频”功能区，切换至“音乐素材”→“纯音乐”选项卡，单击所选音乐右下角的“添加到轨道”按钮，如图 8-47 所示，添加音乐。

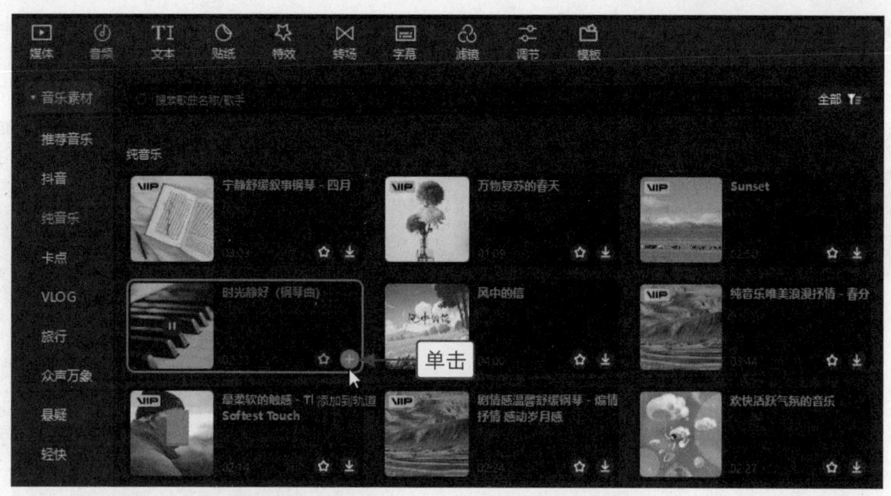

图 8-47　单击“添加到轨道”按钮

步骤 02　选择音乐素材，拖曳时间轴至数字人素材的末尾位置，单击“向右裁剪”按钮，如图 8-48 所示，分割并删除右侧多余的音乐素材。

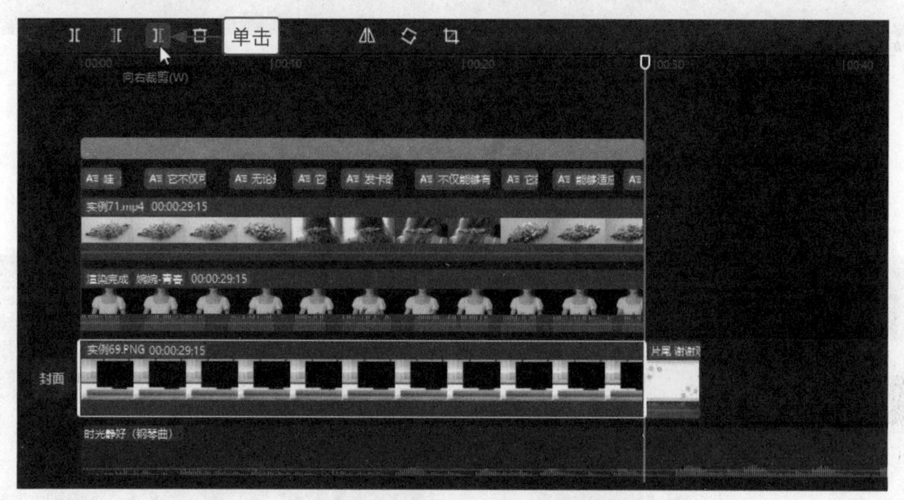

图 8-48　单击“向右裁剪”按钮

步骤 03　在“基础”操作区中，设置“音量”参数为 -15.5dB，如图 8-49 所示，降低音乐的音量。

图 8-49　设置“音量”参数为 -15.5dB

步骤 04 单击“播放器”面板中的▶按钮，播放短视频。单击⛶按钮，全屏显示短视频，预览短视频的效果。如果对短视频的效果比较满意，可以单击“导出”按钮，如图 8-50 所示。

图 8-50　单击“导出”按钮

步骤 05 执行操作后，会弹出“导出”对话框，在“导出”对话框中设置短视频的导出信息，单击“导出”按钮，将 AI 数字人短视频导出。如果“导出”对话框中显示“导出完成，去发布！”，就说明 AI 数字人短视频导出成功了，如图 8-51 所示。

图 8-51　AI 数字人短视频导出成功

AI短视频剪辑处理

第9章 使用剪映处理 AI 短视频的视频画面

剪映的版本更新带来了更多的 AI 剪辑处理功能，这些功能可以帮助大家快速提升剪辑效率，节省剪辑时间。本章将为大家介绍如何使用剪映中的 AI 剪辑处理功能处理短视频的视频画面，包括智能裁剪、智能抠像、智能补帧、智能调色等。

9.1 AI短视频画面剪辑的入门功能

剪映中的 AI 剪辑功能可以帮助我们快速剪辑短视频，用户只需稍等片刻，就可以制作出理想的画面效果。本节主要介绍 AI 短视频画面剪辑的入门功能，帮助大家打好剪辑的基础。

实例 74 智能裁剪短视频的比例

效果展示 智能裁剪可以转换短视频的比例，快速实现横竖屏的转换，同时自动追踪主体，让主体保持在画面最佳位置。在剪映中可以将横版的短视频转换为竖版的短视频，这样短视频会更适合在手机上播放和观看，原图与效果的对比如图 9-1 所示。

图 9-1 智能裁剪短视频比例的原图与效果对比

下面就来介绍使用剪映电脑版智能裁剪短视频比例的具体操作方法。

步骤 01 进入剪映电脑版的“首页”界面，单击“智能裁剪”按钮，如图 9-2 所示。

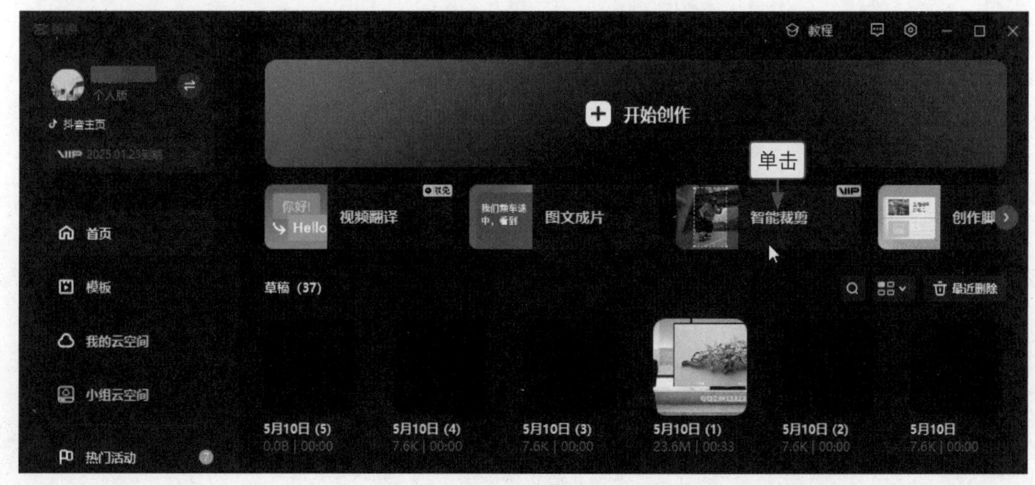

图 9-2 单击“智能裁剪”按钮

步骤 02 弹出“智能裁剪”对话框，单击“导入视频”按钮，如图 9-3 所示。

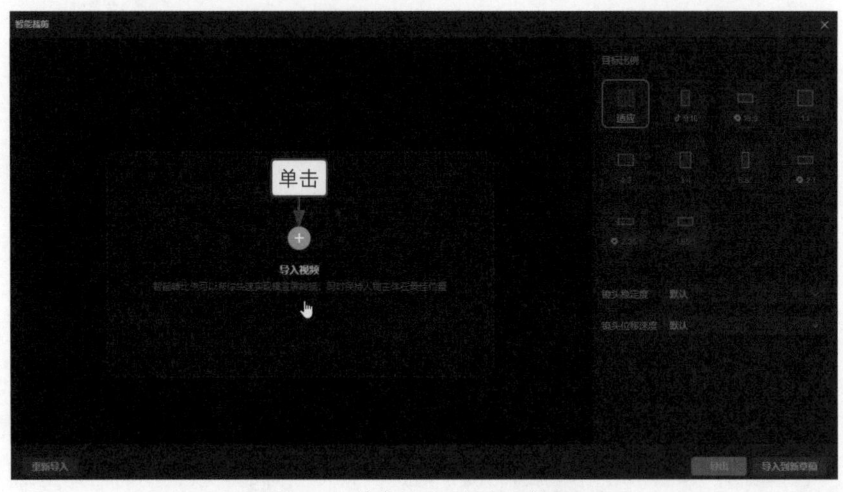

图 9-3 单击“导入视频”按钮

步骤 03 弹出“打开”对话框，在相应的文件夹中，选择合适的短视频素材，单击“打开”按钮，如图 9-4 所示。

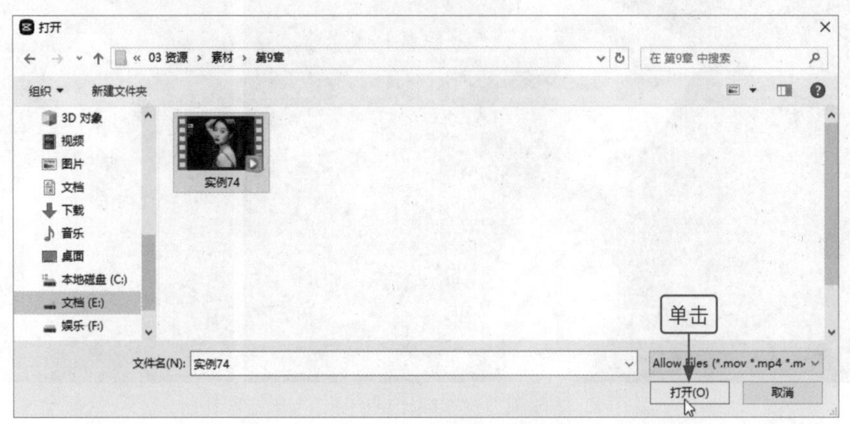

图 9-4 单击“打开”按钮

步骤 04 在“智能裁剪”对话框中，选择“9：16”选项，把横屏转换为竖屏，设置“镜头稳定度”为“稳定”，如图 9-5 所示。

图 9-5 设置“镜头稳定度”为“稳定”

步骤 05 设置“镜头位移速度”为“更慢”，继续稳定画面，单击“导出”按钮，如图 9-6 所示。

图 9-6 单击“导出”按钮

步骤 06 弹出“另存为”对话框，选择相应的文件夹，输入文件名，单击“保存”按钮，如图 9-7 所示，即可将成品短视频导出至相应的文件夹。

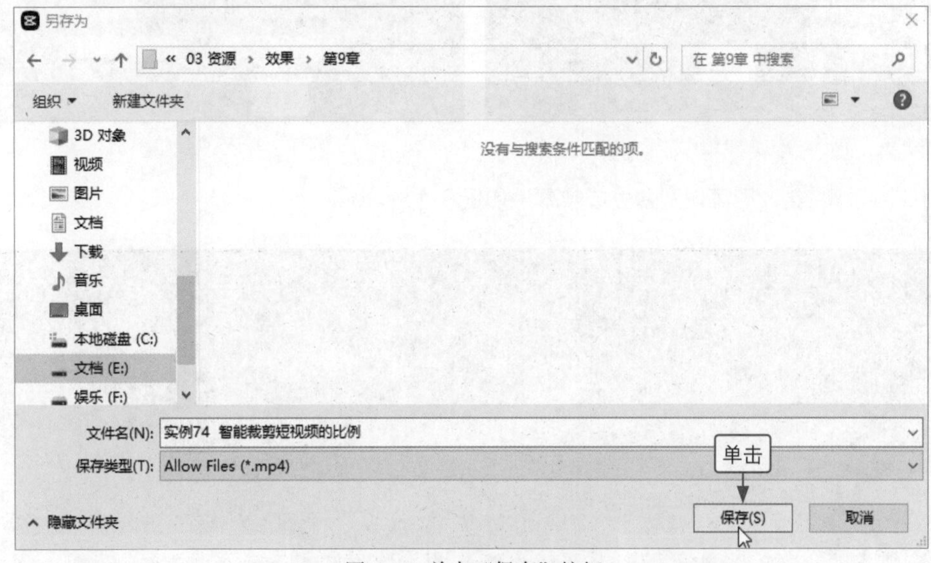

图 9-7 单击“保存”按钮

实例 75 智能识别短视频的字幕

效果展示 运用“识别字幕”功能识别出来的字幕，会自动生成在短视频画面的下方，效果如图 9-8 所示。目前，剪映新增了智能识别双语字幕和智能划重点功能，不过智能识别双语字幕功能需要开通会员才能使用，用户可以根据需要选择是否开通。

图 9-8　运用剪映电脑版“识别字幕”功能生成字幕的效果

下面就来介绍使用剪映电脑版智能识别字幕的具体操作方法。

步骤 01　将短视频素材添加至剪映电脑版的媒体库中，单击短视频素材右下角的“添加到轨道”按钮，如图 9-9 所示，把短视频素材添加到视频轨道中。

步骤 02　单击“文本”按钮，进入“文本”功能区，切换至“智能字幕”选项卡，单击“识别字幕”面板中的“开始识别”按钮，如图 9-10 所示。

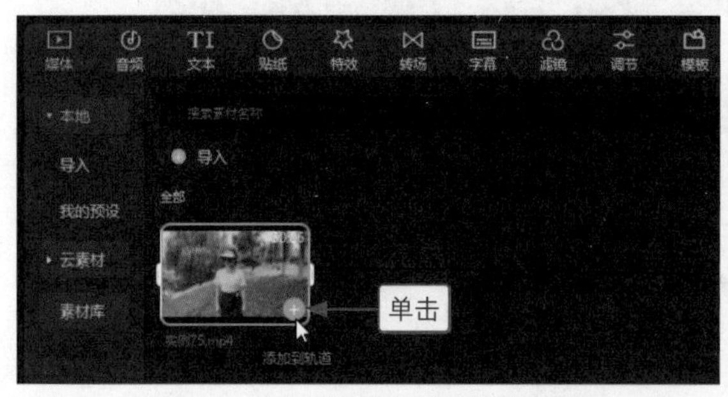

图 9-9　单击“添加到轨道”按钮

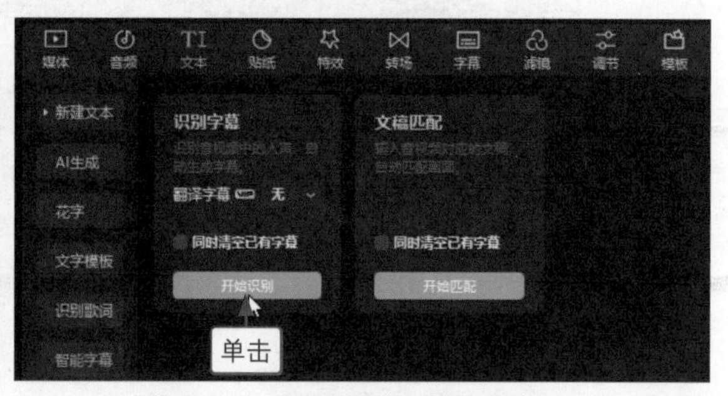

图 9-10　单击“开始识别”按钮

步骤 03　稍等片刻，即可识别并生成字幕，如图 9-11 所示。

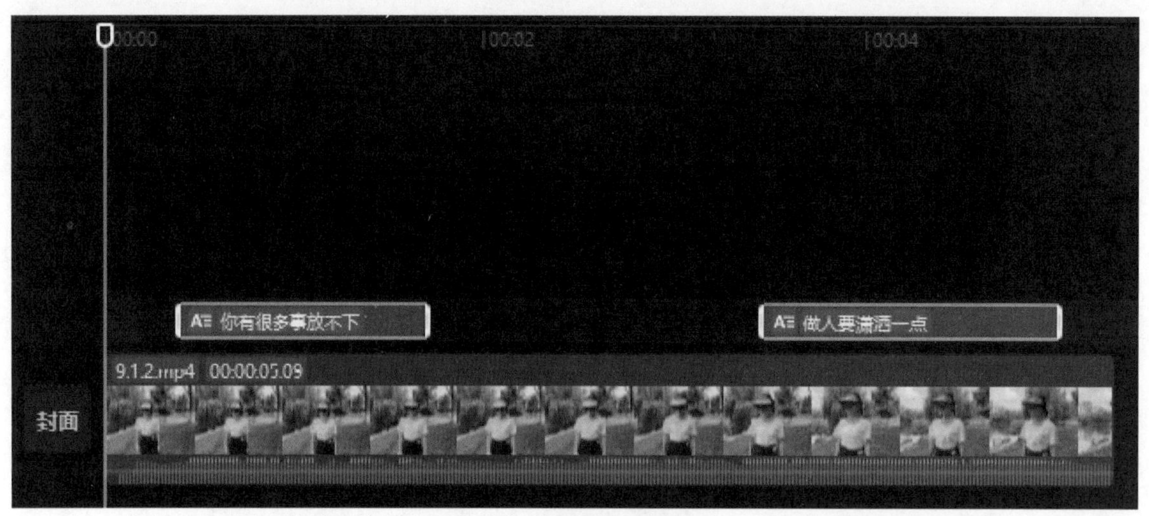

图 9-11　识别并生成字幕

步骤 04　选择生成的字幕，在“文本”选项卡中设置字幕的预设样式，如图 9-12 所示，完成短视频字幕的制作。字幕制作完成后，即可单击“导出”按钮，将短视频保存至电脑中的对应位置。

图 9-12 设置字幕的预设样式

实例 76 智能更换短视频的背景

效果展示 使用“智能抠像”功能可以把短视频中的人物抠出来，更换短视频的背景，让人物处于不同的场景中，原图与效果的对比如图 9-13 所示。

图 9-13 智能更换短视频背景的原图与效果对比

下面就来介绍使用剪映电脑版智能更换短视频背景的具体操作方法。

步骤 01 将两个短视频素材添加至剪映电脑版的媒体库中，单击短视频素材右下角的“添加到轨道”按钮，如图 9-14 所示，把两个短视频素材添加到视频轨道中。

图 9-14 单击“添加到轨道”按钮

步骤 02 把人物视频素材拖曳至画中画轨道中，如图 9-15 所示。

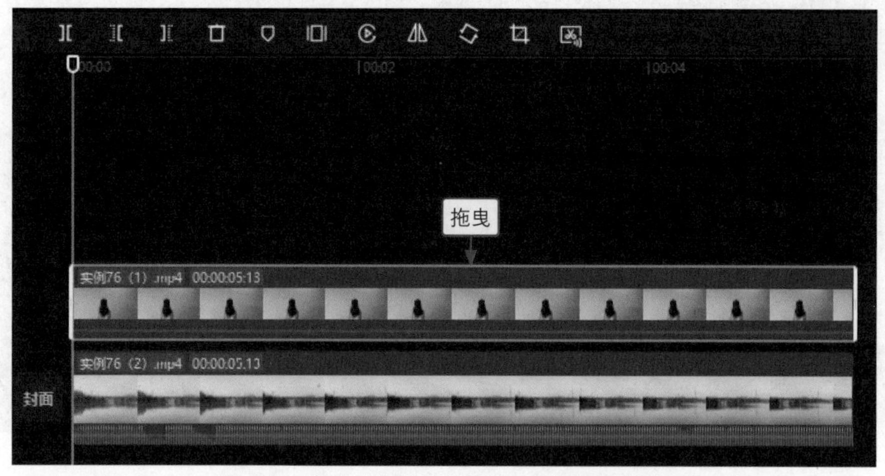

图 9-15 把人物视频素材拖曳至画中画轨道中

步骤 03 切换至“画面”操作区的“抠像”选项卡，选中“智能抠像”复选框，如图 9-16 所示，稍等片刻，即可把人物抠出来，并完成背景的更换。

图 9-16 选中“智能抠像”复选框

实例 77 智能补帧制作慢速效果

效果展示 在制作慢速效果的时候，可以使用“智能补帧”功能让慢速画面变得更加流畅。在人物走路的短视频中，可以制作走路慢动作效果，效果展示如图 9-17 所示。

图 9-17 运用剪映电脑版智能补帧制作的慢速效果

下面就来介绍使用剪映电脑版制作慢速效果的具体操作方法。

步骤 01　将短视频素材添加至剪映电脑版的媒体库中，单击短视频素材右下角的“添加到轨道”按钮，如图 9-18 所示，即可将短视频素材添加到视频轨道中。

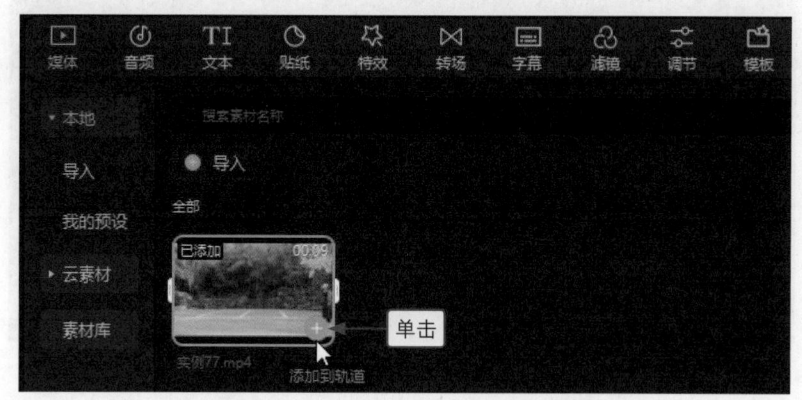

图 9-18　单击“添加到轨道”按钮

步骤 02　单击“变速”按钮，进入“变速”操作区，在“常规变速”选项卡中设置“倍速”参数，选中“智能补帧”复选框，如图 9-19 所示，稍等片刻，即可制作慢速效果。

图 9-19　选中“智能补帧”复选框

实例 78　智能调整画面的色彩

效果展示　如果短视频的画面过曝或欠曝，色彩也不够鲜艳，可以使用“智能调色”功能，为画面进行自动调色，原图与效果的对比如图 9-20 所示。

 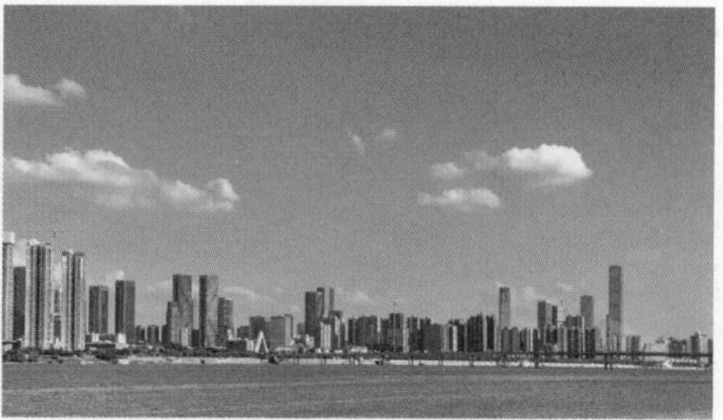

图 9-20　运用剪映电脑版智能调整画面色彩的原图与效果对比

下面就来介绍使用剪映电脑版智能调整画面色彩的具体操作方法。

步骤 01 将短视频素材添加至剪映电脑版的媒体库中，单击短视频素材右下角的“添加到轨道”按钮，如图 9-21 所示，即可将短视频素材添加到视频轨道中。

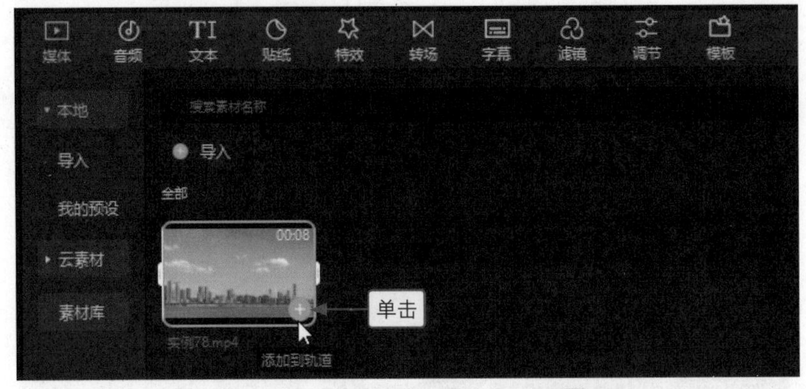

图 9-21 单击“添加到轨道”按钮

步骤 02 选择视频素材，单击“调节”按钮，进入“调节”操作区，选中“智能调色”复选框，如图 9-22 所示，即可进行智能调色。

图 9-22 选中“智能调色”复选框

温馨提示

在进行智能调色处理时，用户可以设置“强度”参数，调整调色的强度。另外，有时候为了让画面的色彩更加鲜艳，还需要对色温、色调、饱和度和光感等进行设置。

9.2 AI短视频画面剪辑的进阶功能

为了让大家学会更多的 AI 短视频剪辑功能，本节主要向大家介绍智能美妆、智能识别歌词、智能打光等进阶功能的用法。

实例 79 智能美化人物的面容

效果展示 智能美妆是一款美颜功能，使用该功能可以快速为人物化妆，美化人物的面容，原图与效果的对比如图 9-23 所示。

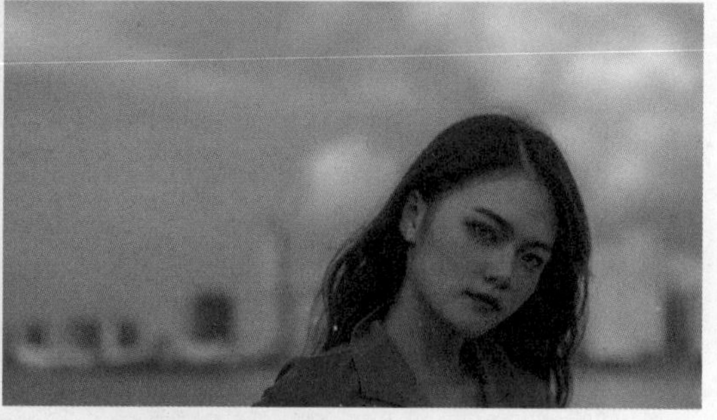

图 9-23　运用剪映电脑版美化人物面容的原图与效果对比

下面就来介绍使用剪映电脑版智能美化人物面容的具体操作方法。

步骤 01　将短视频素材添加至剪映电脑版的媒体库中，单击短视频素材右下角的“添加到轨道”按钮，如图 9-24 所示，即可将短视频素材添加到视频轨道中。

图 9-24　单击“添加到轨道”按钮

步骤 02　选择短视频素材，在“画面”操作区中，切换至“美颜美体”选项卡，选中“美妆”复选框，选择“学姐妆”选项，如图 9-25 所示，为人物快速化妆。

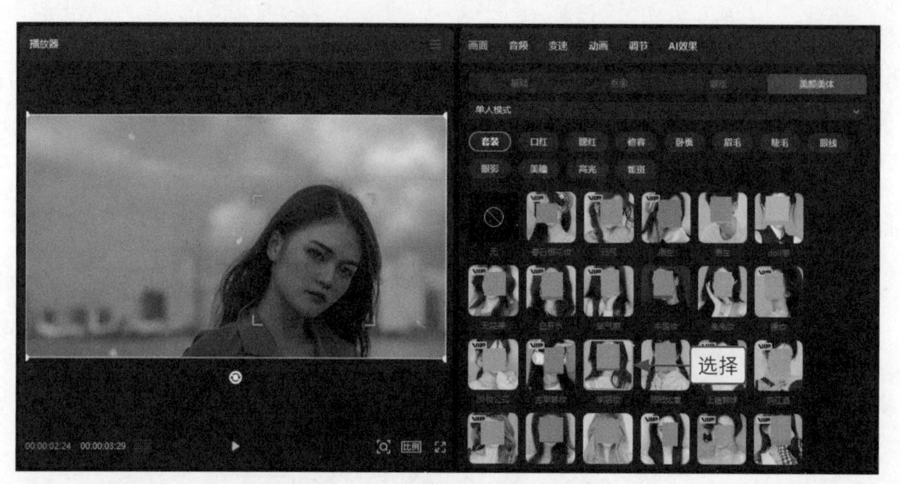

图 9-25　选择“学姐妆”选项

步骤 03　为了继续美化人物面容，可以选中“美颜”复选框，根据需求设置相关信息，如图 9-26 所示，让人物面容更美观。

图 9–26　根据需求设置相关信息

实例 80　智能识别短视频中的歌词

效果展示　如果短视频中有清晰的中文歌曲，可以使用“识别歌词”功能，快速识别出歌词字幕，效果展示如图 9–27 所示。

图 9–27　运用剪映电脑版智能识别短视频中的歌词的效果

下面就来介绍使用剪映电脑版智能识别短视频中的歌词的具体操作方法。

步骤 01　将短视频素材添加至剪映电脑版的媒体库中，单击短视频素材右下角的“添加到轨道”按钮，如图 9–28 所示，即可将短视频素材添加到视频轨道中。

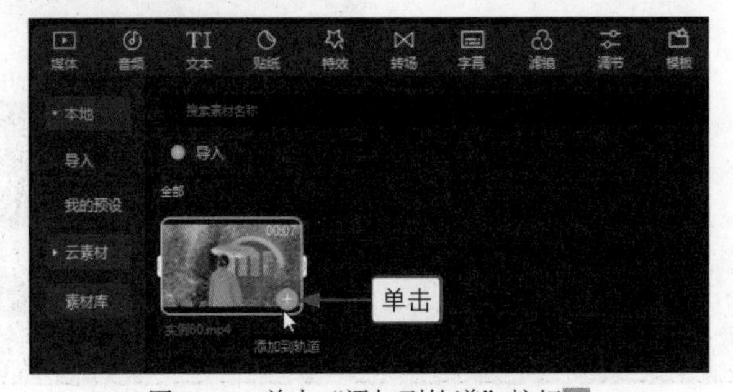

图 9–28　单击“添加到轨道”按钮

步骤 02　单击“文本”按钮，进入“文本”功能区，切换至“识别歌词”选项卡，单击“开始识别”按钮，如图 9–29 所示。

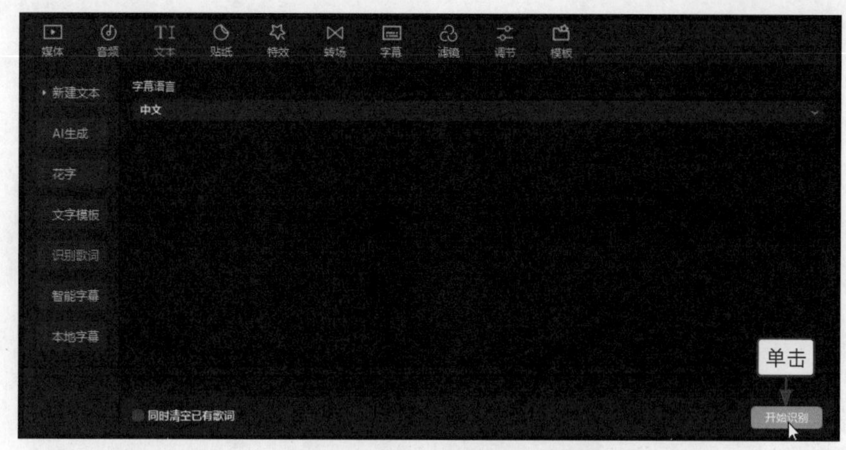

图 9-29 单击“开始识别”按钮

步骤 03 稍等片刻，即可识别并生成歌词字幕，如图 9-30 所示。

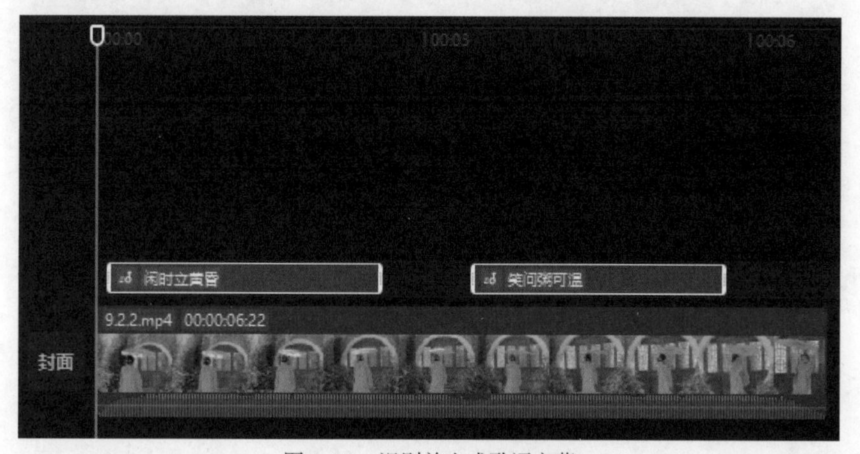

图 9-30 识别并生成歌词字幕

步骤 04 选择生成的歌词字幕，在“文本”选项卡中设置歌词字幕的预设样式，如图 9-31 所示，即可完成歌词字幕的制作。

图 9-31 设置歌词字幕的预设样式

实例 81　智能修复短视频的画面

效果展示 如果短视频画面不够清晰，可以使用剪映中的“超清画质”功能修复短视频画面，原图与效果的对比如图 9-32 所示。

图 9-32　运用剪映电脑版智能修复短视频画面的原图与效果对比

下面就来介绍使用剪映电脑版智能修复短视频画面的具体操作方法。

步骤 01 将短视频素材添加至剪映电脑版的媒体库中，单击短视频素材右下角的“添加到轨道”按钮，如图 9-33 所示，即可将短视频素材添加到视频轨道中。

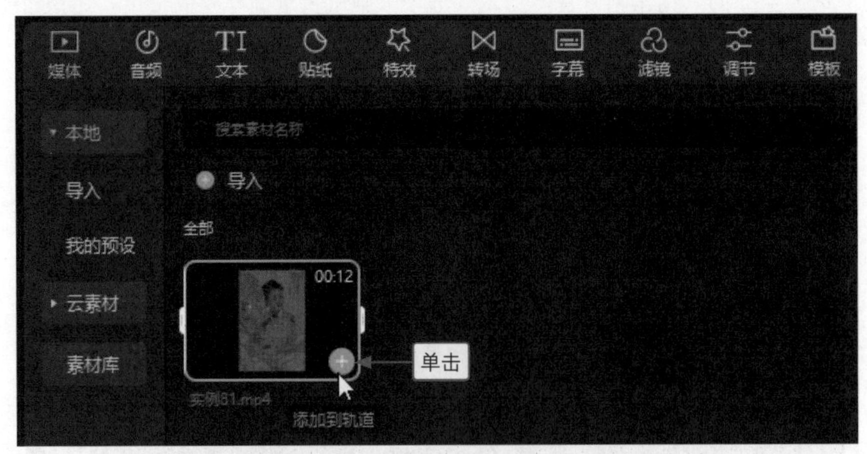

图 9-33　单击“添加到轨道”按钮

步骤 02 在“画面”操作区中，选中“超清画质”复选框，选择“等级”为“超清”，如图 9-34 所示。

步骤 03 执行操作后，会显示画质的处理进度，如图 9-35 所示。稍等片刻，即可修复短视频画面，让短视频变得更加清晰。

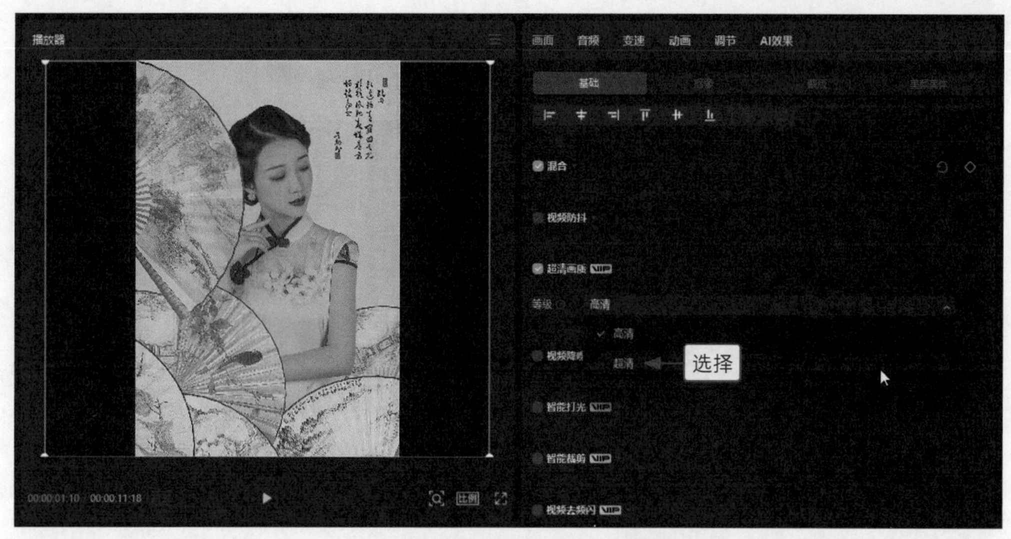

图 9–34　选择“等级”为“超清”

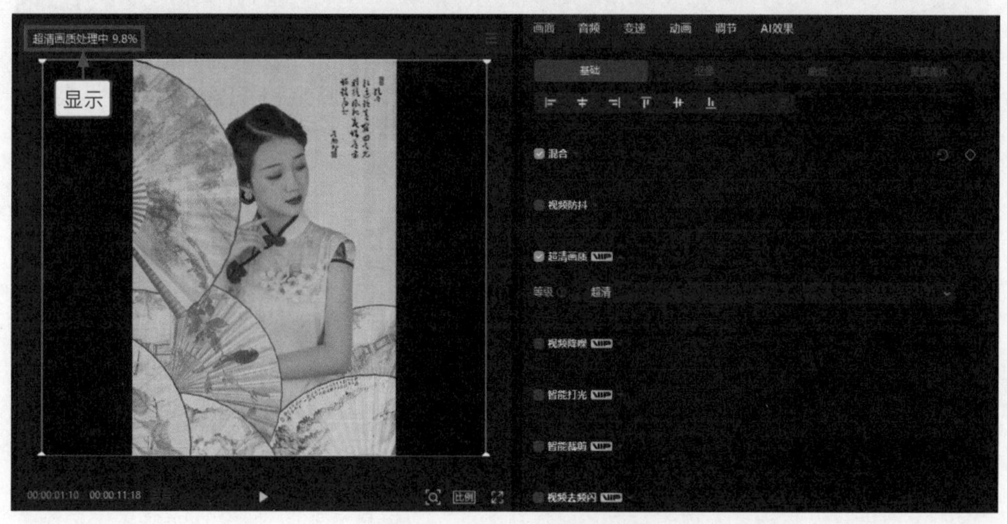

图 9–35　显示画质的处理进度

实例 82　智能打光添加环境氛围光

效果展示 如果拍摄时缺少打光，可以在剪映电脑版中使用“智能打光”功能，为画面增加光源，添加环境氛围光。“智能打光”功能有多种不同的光源和类型可选，用户只需根据自身需求选择即可，原图与效果的对比如图 9–36 所示。

下面就来介绍使用剪映电脑版智能打光添加环境氛围光的具体操作方法。

图 9–36　运用剪映电脑版智能打光添加环境氛围光的原图与效果对比

步骤 01 将短视频素材添加至剪映电脑版的媒体库中，单击短视频素材右下角的“添加到轨道”按钮，如图 9-37 所示，即可将短视频素材添加到视频轨道中。

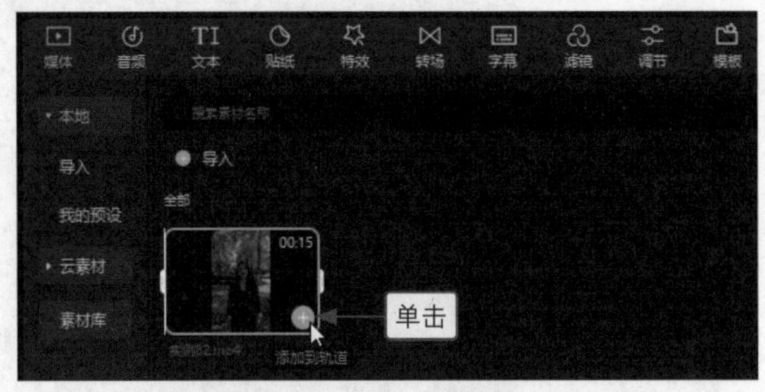

图 9-37　单击“添加到轨道”按钮

步骤 02 在“画面”操作区中，选中“智能打光”复选框，选择合适的打光方式，如选择“温柔面光”选项，如图 9-38 所示。

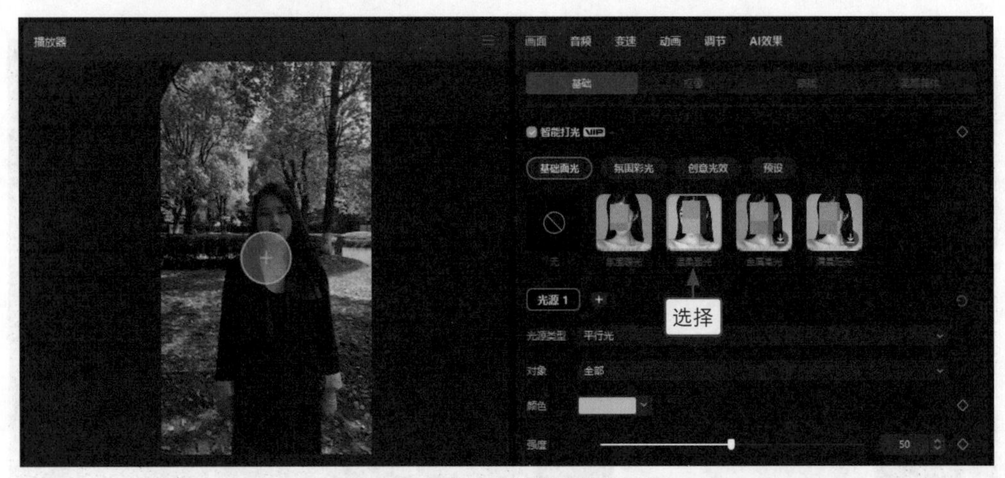

图 9-38　选择“温柔面光”选项

步骤 03 拖曳打光圆环至人物的脸上，设置打光的相应信息，如图 9-39 所示，稍等片刻，即可为人物打光。

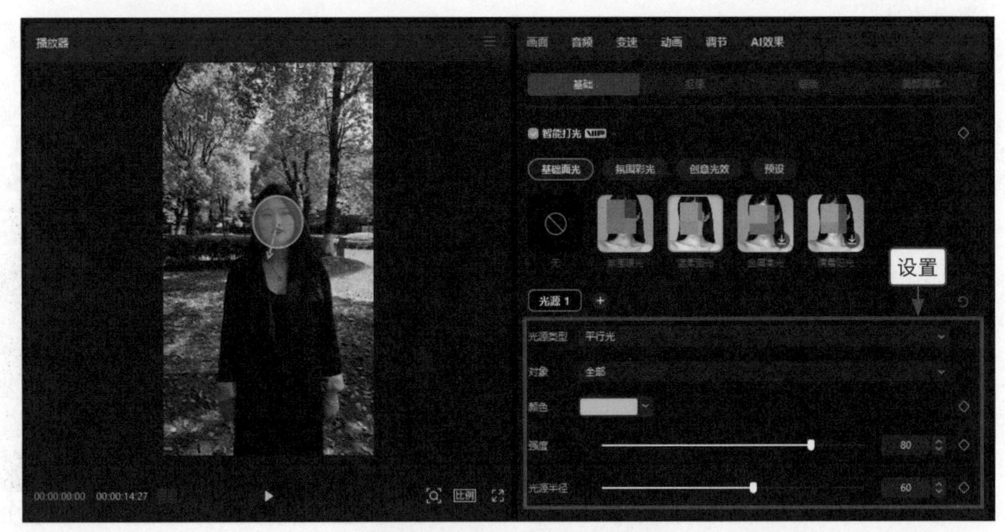

图 9-39　设置打光的相应信息

实例 83 智能运镜让画面更加有动感

效果展示 我们在抖音上可以看到一些运镜效果非常酷炫的跳舞视频，如何才能做出这样的效果呢？在剪映电脑版中，使用“智能运镜”功能，可以让短视频的画面变得更加有动感，效果如图 9-40 所示。

下面就来介绍使用剪映电脑版“智能运镜”功能的具体操作方法。

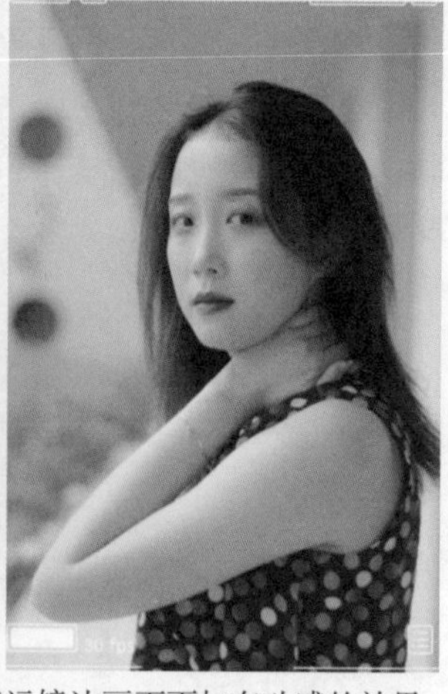

图 9-40 运用剪映电脑版智能运镜让画面更加有动感的效果

步骤 01 将短视频素材添加至剪映电脑版的媒体库中，单击短视频素材右下角的“添加到轨道”按钮，如图 9-41 所示，即可将短视频素材添加到视频轨道中。

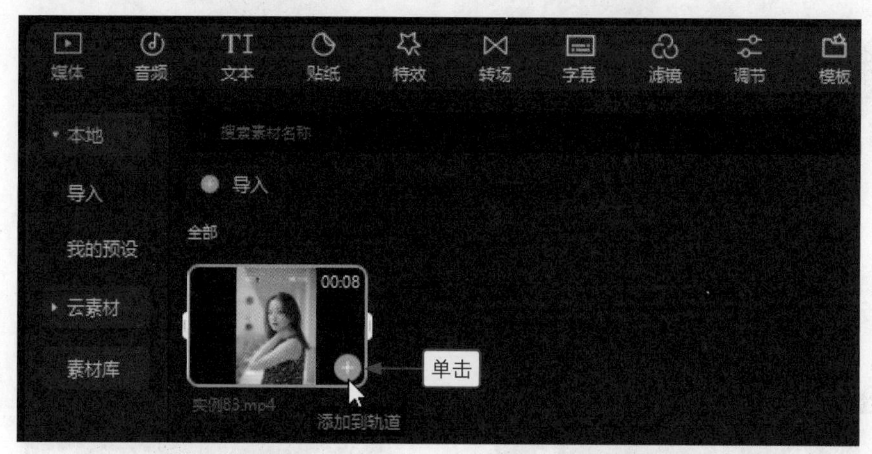

图 9-41 单击“添加到轨道”按钮

步骤 02 在“画面”操作区中，选中“智能运镜”复选框，选择合适的运镜方式，如选择“缩放”选项，设置“缩放程度”，如图 9-42 所示，稍等片刻，即可为短视频应用对应的运镜方式。

图 9-42 设置“缩放程度”

实例 84　AI 特效调整人物的形象

效果展示 如果用户不想在短视频中露出自己的脸，可以添加 AI 特效调整人物形象，进行“变脸”，效果如图 9-43 所示。

图 9-43　运用剪映 App AI 特效调整人物形象的效果

下面就来介绍使用剪映 App AI 特效调整人物形象的具体操作方法。

步骤 01 在剪映 App 中导入短视频素材，点击“特效”按钮，如图 9-44 所示。

步骤 02 在弹出的二级工具栏中点击“人物特效”按钮，如图 9-45 所示。

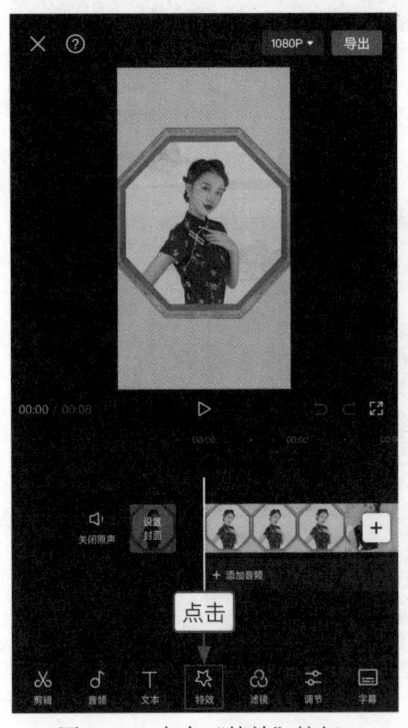

图 9-44　点击“特效”按钮

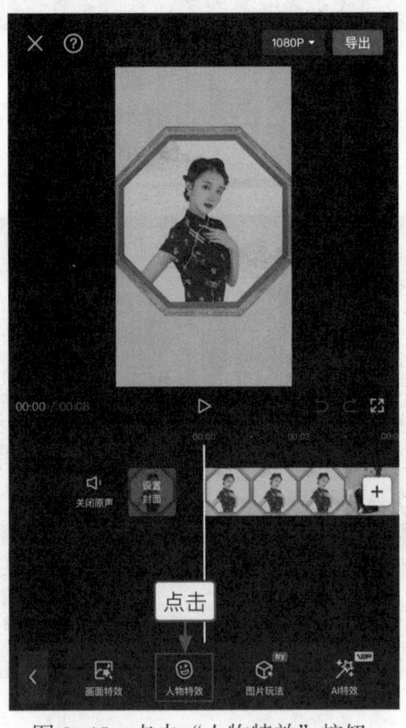

图 9-45　点击“人物特效”按钮

步骤 03 选择“卡通脸”选项，点击✓按钮，如图 9-46 所示。

步骤 04 调整特效的时长，使其与短视频的时长一致，如图 9-47 所示。

图 9-46 点击✓按钮

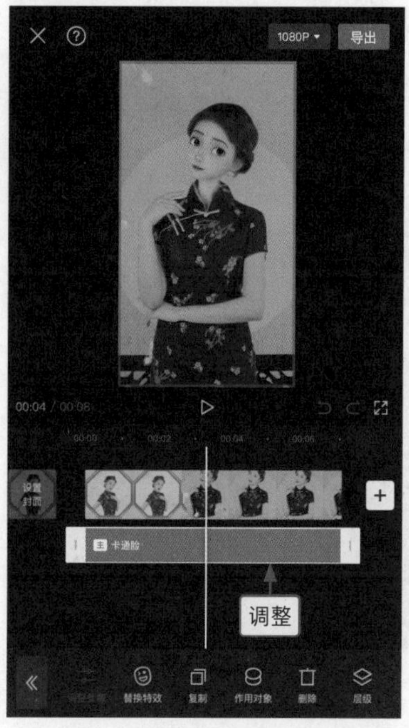

图 9-47 调整特效的时长

实例 85 智能包装为短视频添加文字

效果展示 所谓包装，就是让短视频的内容更加丰富、形式更加多样，使用剪映 App 中的“智能包装”功能，可以一键添加文字，对短视频进行包装，效果如图 9-48 所示。

下面就来介绍使用剪映 App 对短视频进行包装的具体操作方法。

图 9-48 运用剪映 App 智能包装为短视频添加文字的效果

步骤 01 在剪映 App 中导入短视频素材，点击“文本”按钮，如图 9-49 所示。

步骤 02 在弹出的二级工具栏中，点击“智能包装”按钮，如图 9-50 所示。

步骤 03 弹出进度提示，如图 9-51 所示。

步骤 04 稍等片刻，即可生成文字，调整文字信息，让其呈现出更好的效果，如图 9-52 所示。

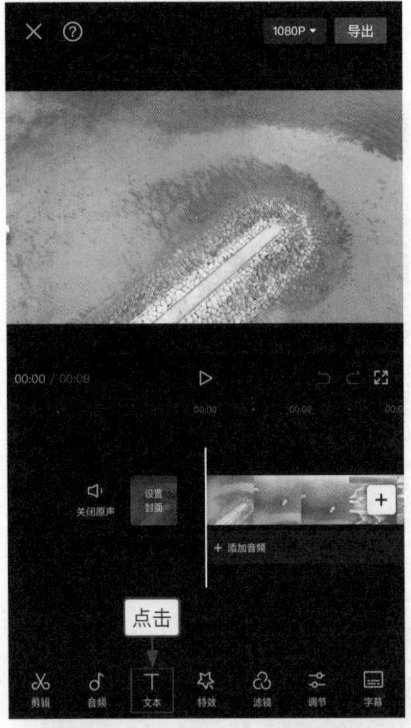

图 9-49　点击“文本”按钮

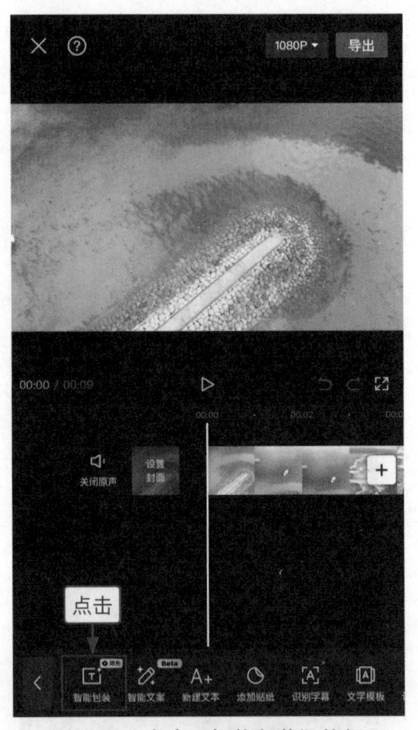

图 9-50　点击“智能包装”按钮

图 9-51　弹出进度提示

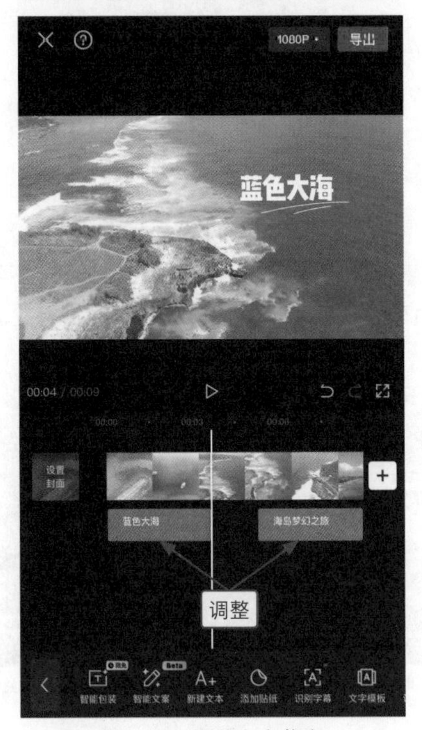

图 9-52　调整文字信息

第10章 使用剪映处理AI短视频的音频内容

一段成功的短视频离不开音频的配合，音频可以增加短视频的真实感，塑造人物形象和渲染场景氛围。在剪映中，除了可以添加音频，还可以对声音进行智能处理，如进行人声和背景音分离、美化人声、改变音色、智能剪口播、声音成曲等，让短视频更动听。

10.1 AI短视频音频的人声处理

剪映电脑版中的 AI 功能可以智能处理短视频中的音频，提升音频处理的质量和效率。本节将介绍 AI 短视频音频的人声处理技巧，部分功能需要开通剪映会员才能使用。

实例 86　智能分离短视频中的人声

效果展示　如果短视频中的音频中同时有人声和背景声，我们可以使用“人声分离”功能，仅保留人声或背景声，短视频效果展示如图 10-1 所示。

图 10-1　运用剪映电脑版智能分离短视频中的人声的效果

下面就来介绍使用剪映电脑版“人声分离”功能的具体操作方法。

步骤 01　将短视频素材添加至剪映电脑版的媒体库中，单击短视频素材右下角的“添加到轨道”按钮，如图 10-2 所示，即可将短视频素材添加到视频轨道中。

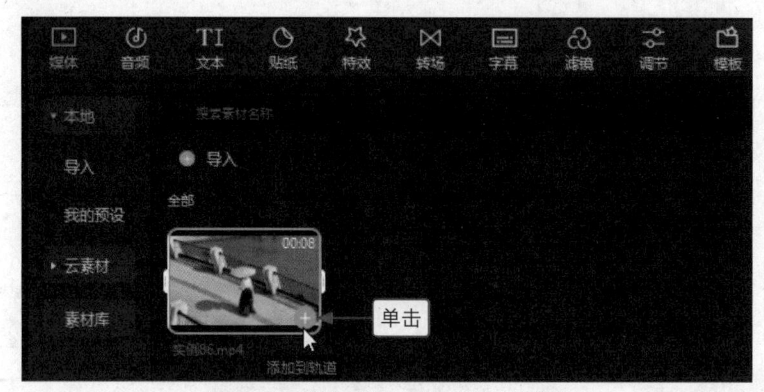

图 10-2　单击“添加到轨道”按钮

步骤 02　单击“音频”按钮，进入“音频”操作区，选中“人声分离”复选框，如图 10-3 所示。

步骤 03　单击“仅保留背景声”右侧的按钮，在弹出的列表中选择“仅保留人声”选项，如图 10-4 所示，将短视频的背景声删除。

图 10-3　选中“人声分离”复选框

图 10-4　选择“仅保留人声”选项

实例 87　智能美化短视频中的人声

效果展示　在剪映电脑版中，可以对短视频中的人声进行美化处理，让人声呈现出更好的效果，短视频效果展示如图 10-5 所示。

图 10-5　运用剪映电脑版智能美化短视频中的人声的效果

下面就来介绍使用剪映电脑版智能美化短视频中的人声的具体操作方法。

步骤 01　将短视频素材添加至剪映电脑版的媒体库中，单击短视频素材右下角的“添加到轨道”按钮，如图 10-6 所示，即可将短视频素材添加到视频轨道中。

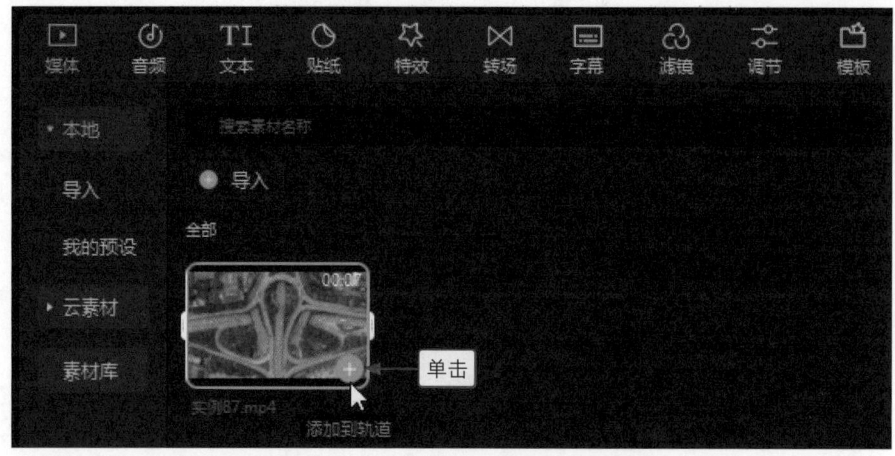

图 10-6 单击“添加到轨道”按钮

步骤 02 单击“音频”按钮，进入“音频”操作区，选中“人声美化”复选框，如图 10-7 所示。

图 10-7 选中“人声美化”复选框

步骤 03 设置“美化强度”，如图 10-8 所示，即可对短视频中的人声进行美化。

图 10-8 设置“美化强度”

实例 88 智能改变短视频中人声的音色

效果展示 在剪映电脑版中，可以使用 AI 改变短视频中人声的音色，实现“魔法变声”，短视频效果展示如图 10-9 所示。

图 10–9　运用剪映电脑版智能改变短视频中人声的音色的效果

下面就来介绍使用剪映电脑版智能改变短视频中人声的音色的具体操作方法。

步骤 01　将短视频素材添加至剪映电脑版的媒体库中，单击短视频素材右下角的“添加到轨道”按钮，如图 10–10 所示，即可将短视频素材添加到视频轨道中。

图 10–10　单击“添加到轨道”按钮

步骤 02　单击“音频”按钮，进入“音频”操作区，单击“声音效果”按钮，如图 10–11 所示，切换选项卡。

图 10–11　单击“声音效果”按钮

步骤 03　在“音色”选项卡中选择合适的音色，如选择“甜美悦悦”选项，如图 10–12 所示，即可将男生音色变成女生音色。

图 10–12 选择“甜美悦悦”选项

实例 89 智能剪辑口播短视频的内容

效果展示 剪映电脑版中的智能剪口播功能可以快速提取口播短视频中的停顿、重复和语气词，快速删除无效片段，提升口播短视频的质量，短视频效果展示如图 10–13 所示。

图 10–13 运用剪映电脑版智能剪辑口播短视频的内容的效果

下面就来介绍使用剪映电脑版智能剪辑口播短视频的内容的具体操作方法。

步骤 01 将短视频素材添加至剪映电脑版的媒体库中，单击短视频素材右下角的“添加到轨道”按钮，如图 10–14 所示，即可将短视频素材添加到视频轨道中。

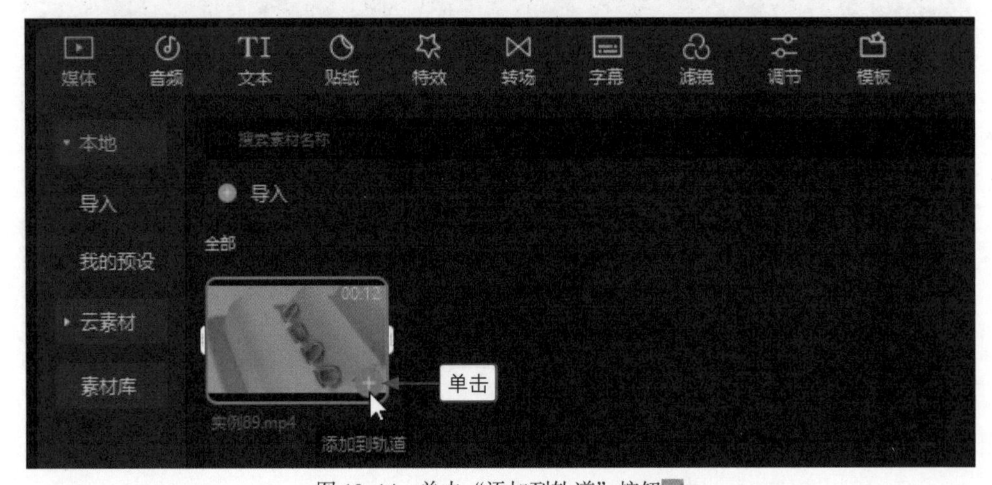

图 10–14 单击“添加到轨道”按钮

步骤 02 选择短视频素材，单击鼠标右键，在弹出的快捷菜单中选择“智能剪口播”选项，如图 10-15 所示。

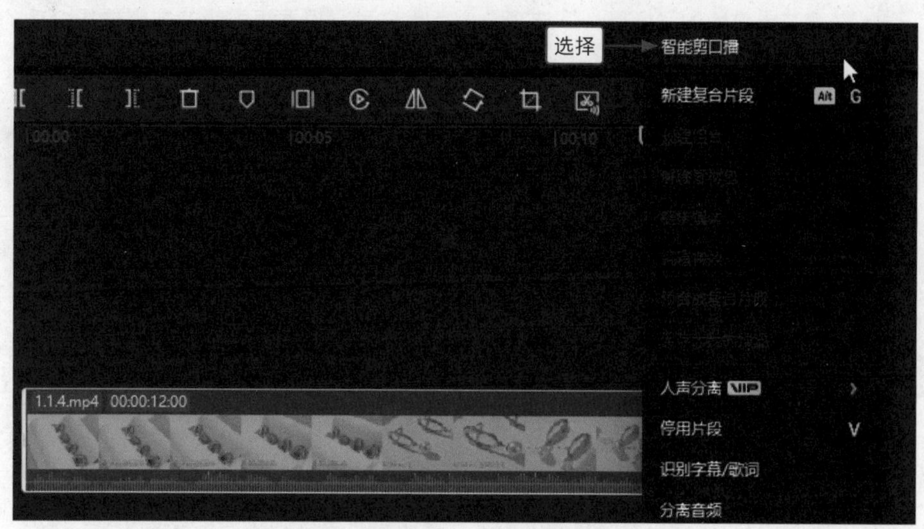

图 10-15 选择“智能剪口播”选项

步骤 03 执行操作后，在“文本”操作区中单击“标记无效片段”按钮，如图 10-16 所示，标记短视频中的无效片段。

步骤 04 在新弹出的对话框中选中需要删除的内容对应的复选框，单击“删除”按钮，如图 10-17 所示，即可删除无效片段。

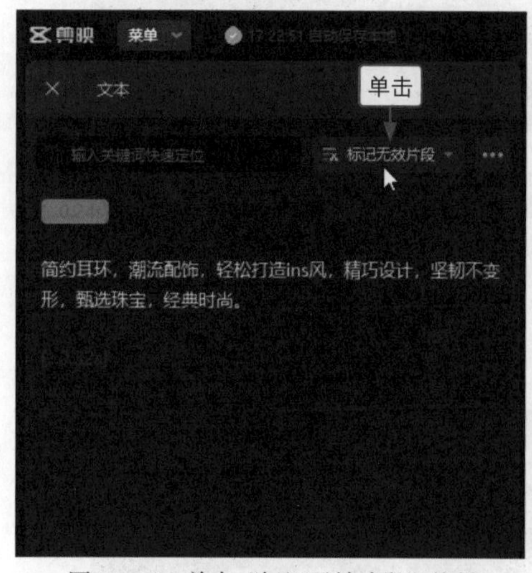

图 10-16 单击“标记无效片段”按钮

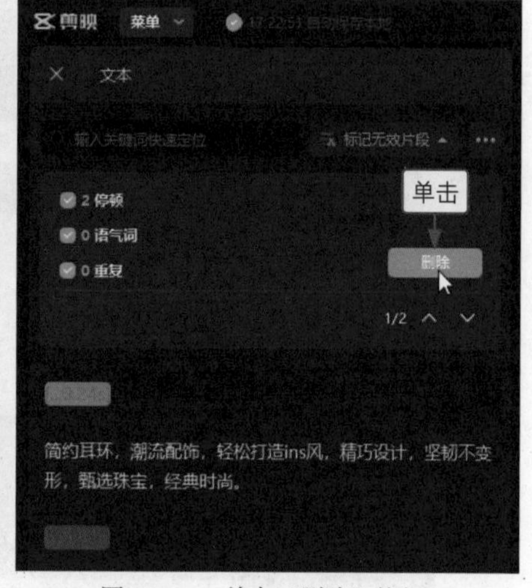

图 10-17 单击“删除”按钮

10.2 AI短视频音频内容的其他处理

为了让大家学会更多的 AI 短视频音频处理功能，本节主要向大家介绍智能匹配场景音、智能文本朗读、智能声音成曲等功能。

实例 90　智能匹配短视频的场景音

效果展示　在剪映电脑版的“场景音”选项卡中，用户可以根据短视频的内容选择合适的场景音，短视频效果展示如图 10-18 所示。

图 10-18　运用剪映电脑版智能匹配短视频的场景音的效果

下面就来介绍使用剪映电脑版智能匹配短视频的场景音的具体操作方法。

步骤 01　将短视频素材添加至剪映电脑版的媒体库中，单击短视频素材右下角的“添加到轨道”按钮，如图 10-19 所示，即可将短视频素材添加到视频轨道中。

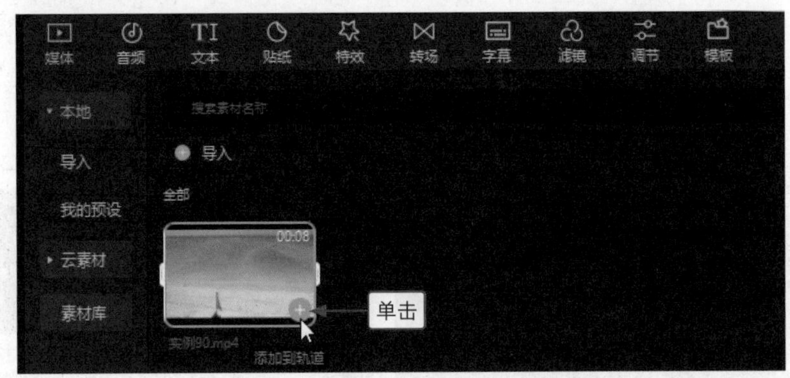

图 10-19　单击“添加到轨道”按钮

步骤 02　进入“音频”操作区的“声音效果”选项卡，单击“场景音”按钮，如图 10-20 所示，切换选项卡。

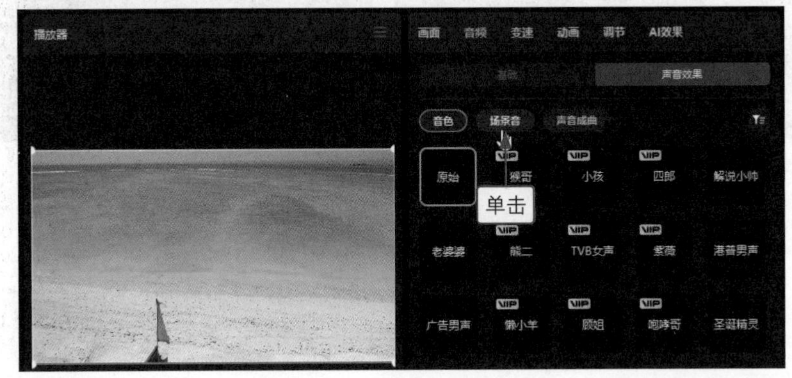

图 10-20　单击“场景音”按钮

步骤 03　在“场景音”选项卡中选择合适的场景音，如选择“空灵感”选项，如图 10-21 所示，即可为短视频匹配对应的场景音。

图 10–21 选择“空灵感”选项

实例 91 智能朗读为短视频添加音频

效果展示 在一些风光类短视频中，用户可以通过智能朗读来为短视频添加音频，用美景和美声来打动观众，短视频效果展示如图 10–22 所示。

图 10–22 运用剪映电脑版智能朗读为短视频添加音频的效果

下面就来介绍使用剪映电脑版智能朗读为短视频添加音频的具体操作方法。

步骤 01 将短视频素材添加至剪映电脑版的媒体库中，单击短视频素材右下角的“添加到轨道”按钮，如图 10–23 所示，即可将短视频素材添加到视频轨道中。

步骤 02 单击“文本”按钮，进入“文本”功能区，单击“默认文本”右下角的“添加到轨道”按钮，如图 10–24 所示，添加文本素材。

图 10–23 单击“添加到轨道”按钮（1）

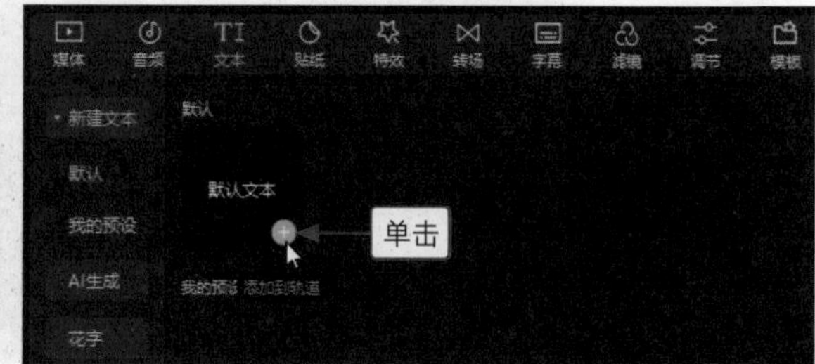

图 10–24 单击“添加到轨道”按钮（2）

步骤 03 在“文本”操作区中输入文案内容，如图 10–25 所示。

步骤 04 单击“朗读”按钮，如图 10–26 所示，切换操作区。

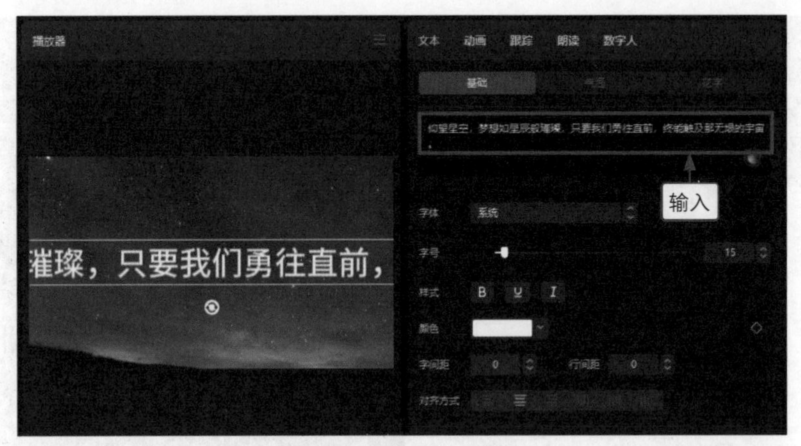

图 10-25　输入文案内容

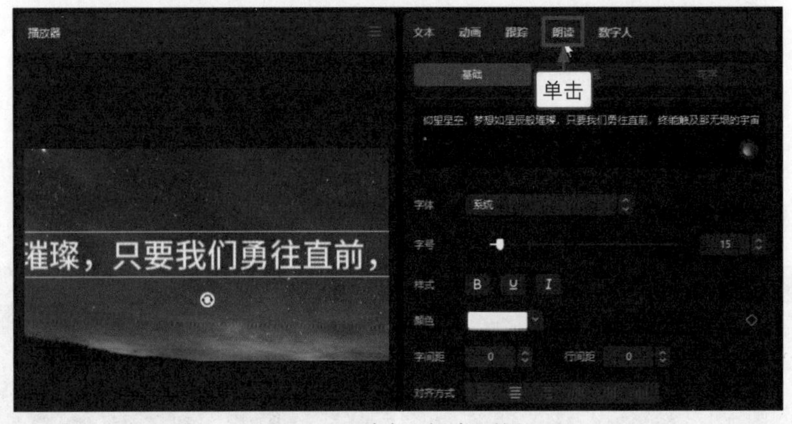

图 10-26　单击“朗读”按钮

步骤 05　在“朗读”操作区中选择合适的朗读音色，如选择“元气少女”选项，单击“开始朗读”按钮，如图 10-27 所示。

图 10-27　单击“开始朗读”按钮

步骤 06　生成朗读音频之后，选择文本素材，单击“删除”按钮，如图 10-28 所示。

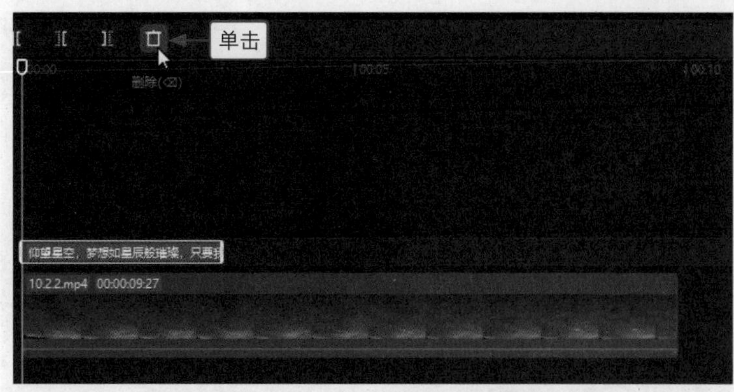

图 10-28　单击“删除”按钮

实例 92　声音成曲为短视频制作歌曲

效果展示　在剪映电脑版中，可以使用“声音成曲”功能，将音频对白制作成歌曲，短视频效果展示如图 10-29 所示。

图 10-29　运用剪映电脑版声音成曲为短视频制作歌曲的效果

下面就来介绍使用剪映电脑版声音成曲为短视频制作歌曲的具体操作方法。

步骤 01　将短视频素材添加至剪映电脑版的媒体库中，单击短视频素材右下角的“添加到轨道”按钮，如图 10-30 所示，即可将短视频素材添加到视频轨道中。

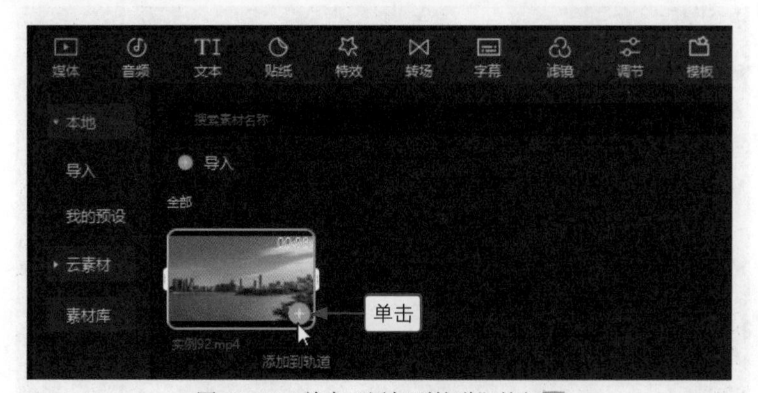

图 10-30　单击“添加到轨道”按钮

步骤 02　单击“关闭原声”按钮，设置短视频素材为静音。单击“文本”按钮，进入“文本”功能区，单击“默认文本”右下角的“添加到轨道”按钮，添加文本素材。在“文本”操作区中输入文案内容，如图 10-31 所示。

图 10–31　输入文案内容

步骤 03 单击“朗读”按钮，进入“朗读”操作区，选择合适的朗读音色，如选择“随性女声”选项，单击“开始朗读”按钮，如图 10–32 所示，生成朗读音频。

图 10–32　单击“开始朗读”按钮

步骤 04 选择文本素材，单击“删除”按钮，如图 10–33 所示。

图 10–33　单击“删除”按钮

步骤 05 选择音频素材，在“声音效果”操作区中单击“声音成曲”按钮，如图 10–34 所示，切换选项卡。

图 10-34 单击“声音成曲”按钮

步骤 06 在“声音成曲”选项卡中选择合适的歌曲风格，如选择“嘻哈”选项，如图 10-35 所示。

图 10-35 选择“嘻哈”选项

步骤 07 选择短视频素材，在音频素材的末尾位置单击“向右裁剪”按钮，如图 10-36 所示，删除多余的短视频素材，即可完成短视频的制作。

图 10-36 单击“向右裁剪”按钮

AI短视频实战案例

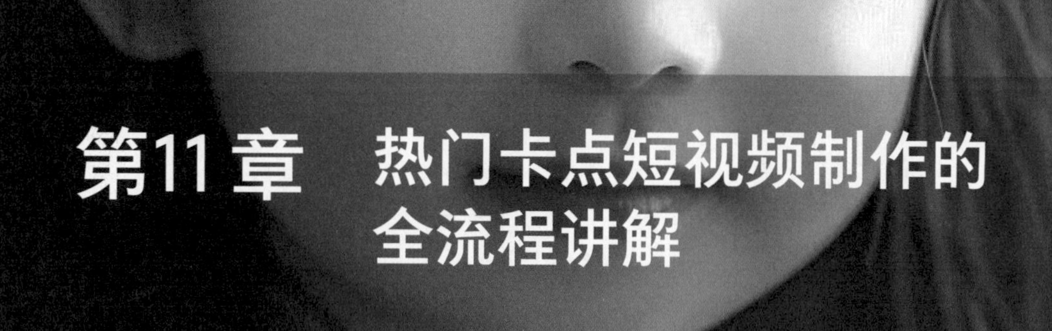

第11章　热门卡点短视频制作的全流程讲解

在短视频平台上，我们经常能看到各种热门卡点短视频。其实，借助各种工具，我们也能轻松制作出自己的热门卡点短视频。本章就从文案素材生成、图片素材生成、短视频生成和短视频剪辑处理等操作步骤入手，对热门卡点短视频的制作进行全流程讲解，帮助大家快速掌握相关的操作技巧。

实例 93　生成热门卡点短视频的文案素材

在制作热门卡点短视频时，用户可以根据自身需求先准备好相关的文案素材。例如，用户可以通过提问，让 ChatGPT 对将要绘制的人物的外形进行描述，生成相关的文案素材，具体如下。

您

用简单的话语描述一个中国小女孩的外形，要求：100 字左右

ChatGPT

这个中国小女孩眼睛明亮，皮肤白皙，笑容甜美。黑色的长发披肩而下，如瀑布般柔顺。她穿着一袭粉色的连衣裙，微风拂过，裙摆轻舞。步态轻盈，带着天真纯净的气息，宛如春日里盛开的花朵，散发着温暖与美好。

实例 94　生成热门卡点短视频的图片素材

效果展示　用户可以在 AI 绘画工具中输入提示词，快速生成所需的图片素材，效果如图 11-1 所示（生成的图片素材可能并不与文案描述完全相符，用户可以根据需求进行多次生成，选择满意的图片素材）。

图 11-1　使用 AI 绘画工具生成的图片素材效果

下面就以 Midjourney 为例，介绍图片素材的生成方法。

步骤 01　复制 ChatGPT 生成的文案素材，将其粘贴至百度翻译中，翻译成英文，单击按钮，如图 11-2 所示，复制翻译的英文提示词。

温馨提示　除了使用百度翻译进行翻译，还可以直接在 ChatGPT 中进行翻译，具体操作请参考 1.2 小节实例 10。

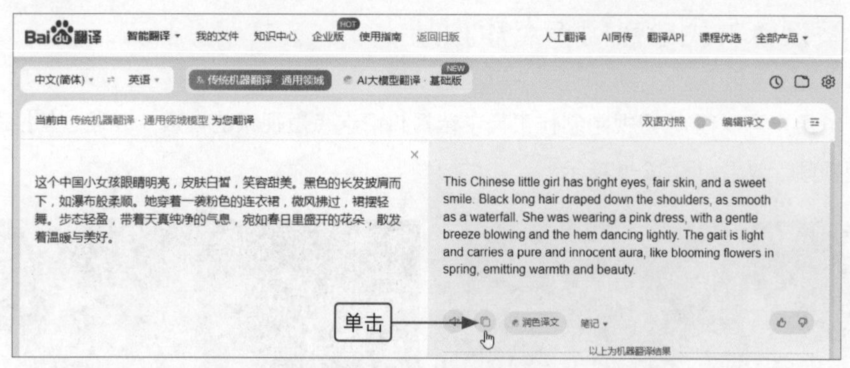

图 11-2 单击 按钮

步骤 02 在 Midjourney 界面下方的输入框内输入“/”，选择“imagine”指令，在输入框中粘贴刚刚复制的英文提示词，添加相关的参数，如“4k --ar 16:9”，如图 11-3 所示。

图 11-3 粘贴复制的英文提示词并添加相关的参数

步骤 03 按【Enter】键发送，即可根据提示词生成 4 张图片，选择相对满意的图片，单击对应的 U 按钮，如单击“U2”按钮，如图 11-4 所示。

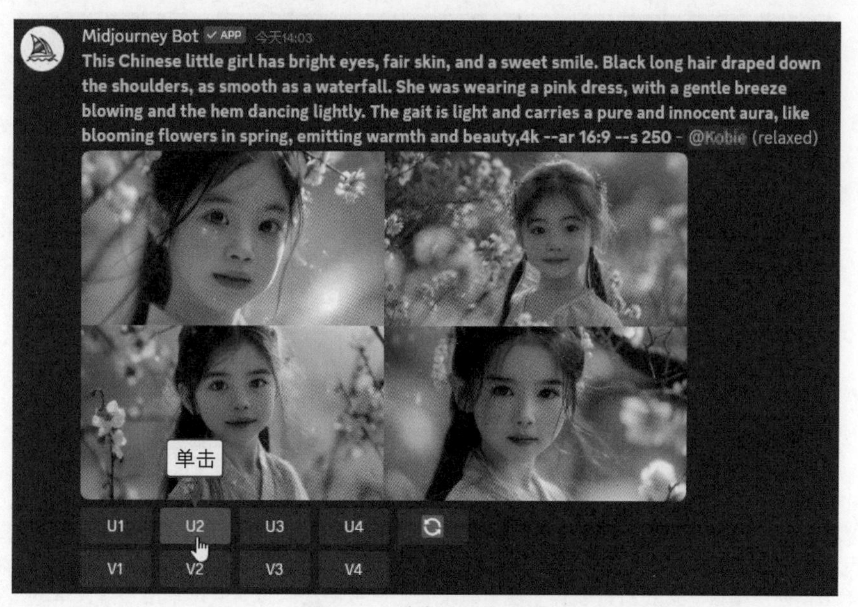

图 11-4 单击“U2”按钮

步骤 04 执行操作后，Midjourney 将在第 2 张图片的基础上进行更加精细的刻画，并放大图片，具体效果请见图 11-1。

步骤 05 使用同样的方法，在 Midjourney 中生成其他的图片，即可完成图片素材的准备。

实例 95　替换素材生成热门卡点短视频

效果展示 用户可以在 AI 短视频制作工具中选择热门卡点短视频的模板，并通过替换图片素材快速制作类似的短视频，效果如图 11-5 所示。

图 11-5　使用 AI 短视频制作工具生成的热门卡点短视频效果

下面就以剪映电脑版为例，介绍热门卡点短视频的生成方法。

步骤 01 启动剪映电脑版，单击“首页”界面的“模板”按钮，进入“模板”界面，设置相关信息，对模板进行筛选，选择相应的模板，单击“解锁草稿”按钮，如图 11-6 所示。

图 11-6　单击“解锁草稿”按钮

单击“使用模板”按钮打开模板，通常只能替换模板中的素材，但是单击“解锁草稿”按钮打开模板，能对模板中的各种信息进行调整。因此，如果需要调整模板中的各种信息，单击“解锁草稿”按钮打开模板会更合适一些。

步骤 02 选择第一段素材，单击鼠标右键，在弹出的快捷菜单中选择“替换片段”选项，如图 11-7 所示。

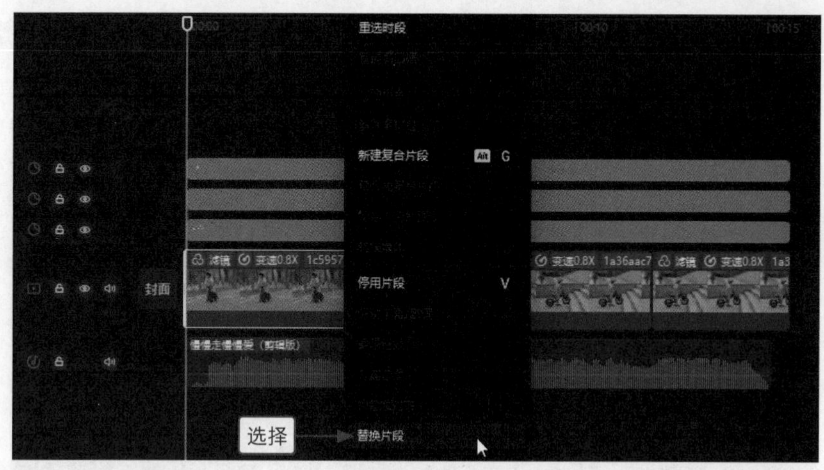

图 11–7　选择“替换片段”选项

步骤 03　弹出“请选择媒体资源”对话框，在该对话框中选择合适的图片素材，单击“打开”按钮，如图 11–8 所示。

图 11–8　单击“打开”按钮

步骤 04　弹出“替换”对话框，单击“替换片段”按钮，如图 11–9 所示，替换素材。

步骤 05　执行操作后，即可将该图片素材添加到视频轨道中，如图 11–10 所示，同时导入到本地媒体资源库中。

图 11–9　单击“替换片段”按钮

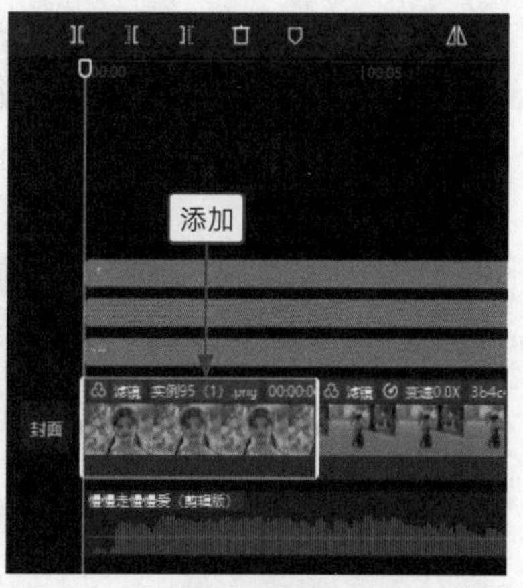

图 11–10　将图片素材添加到视频轨道中

步骤 06 使用同样的操作方法，替换其他图片素材，效果如图 11-11 所示，即可初步完成热门卡点短视频的制作。

图 11-11 替换其他图片素材的效果

实例 96 对热门卡点短视频进行剪辑处理

效果展示 初步生成短视频之后，用户可以通过一些简单的操作，对短视频进行剪辑处理，效果如图 11-12 所示。

图 11-12 对短视频进行剪辑处理的效果

下面就以剪映电脑版为例，介绍热门卡点短视频的剪辑处理方法。

步骤 01 选择贴纸素材，单击“删除”按钮，如图 11-13 所示，将贴纸素材删除。

步骤 02 单击“文本”按钮，进入“文本”功能区，单击“默认文本”右下角的“添加到轨道”按钮，添加文本。在“文本”操作区中输入文本内容，调整文本在画面中的位置，设置文本的预设样式，如图 11-14 所示。

步骤 03 单击“动画”按钮，进入“动画”操作区，在“入场”选项卡中选择合适的入场动画，如选择“打字光标”动画，如图 11-15 所示。

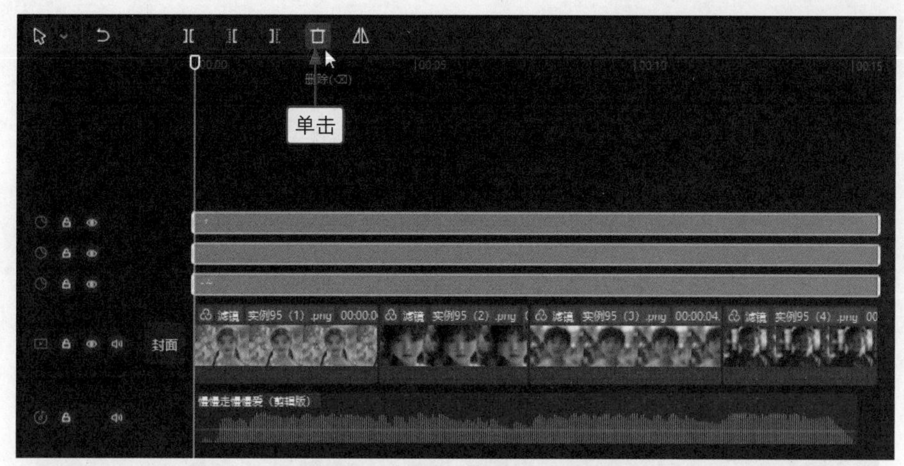

图 11-13　单击“删除”按钮

图 11-14　设置文本的预设样式

图 11-15　选择“打字光标”动画

用户可以根据文本在短视频中的出现时间来设置文本的动画，如果文本出现的时间比较短，只需设置一个入场动画即可（有的文本甚至不需要设置入场动画）；如果文本出现的时间比较长，则可以分别设置入场动画和出场动画。

步骤 04 调整文本在短视频中的应用范围，如图 11-16 所示。

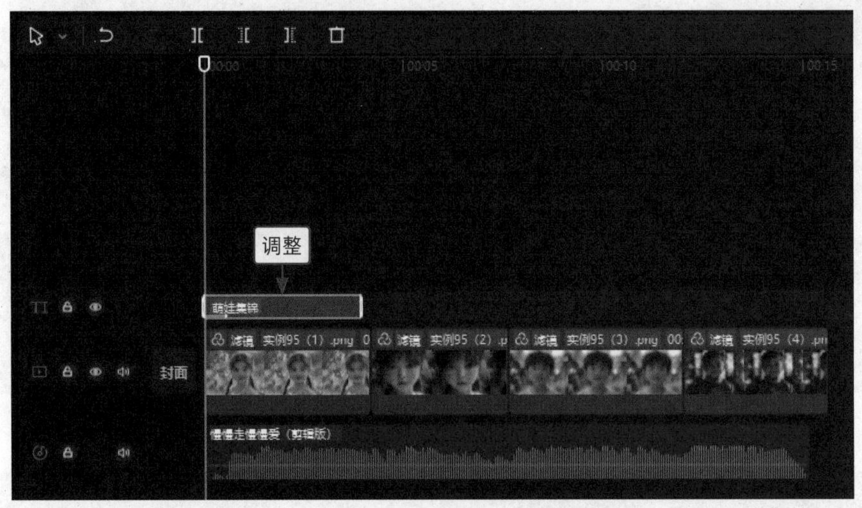

图 11-16 调整文本在短视频中的应用范围

步骤 05 除了短视频画面的信息，用户还可以对音频进行剪辑处理，如可以对短视频中的人声进行变速处理。选择音频素材，单击“变速”按钮，进入“变速”操作区，设置变速的倍数，如图 11-17 所示。

图 11-17 设置变速的倍数

步骤 06 调整视频素材的长度，如图 11-18 所示，使其与音频素材的长度一致，即可完成音频的变速处理。

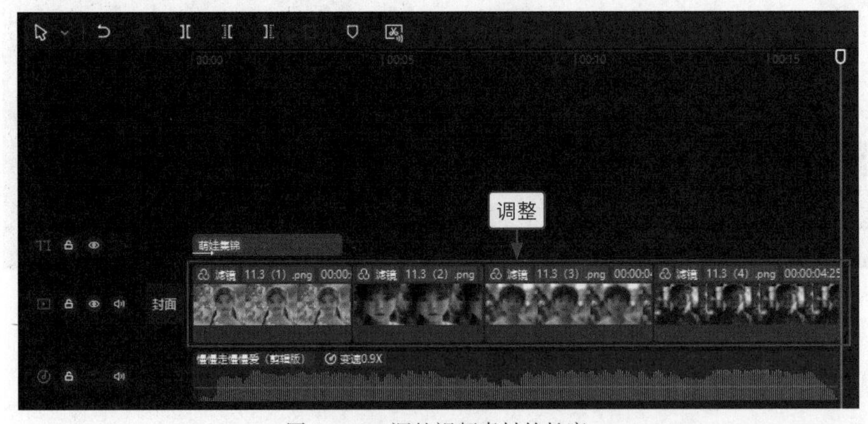

图 11-18 调整视频素材的长度

第12章 电商带货短视频制作的全流程讲解

许多人会通过短视频来带货，但是自己制作的短视频效果并不理想。对此，用户可以利用 AI 短视频制作工具快速制作电商带货短视频，节省大量的时间和精力。本章就以电商带货短视频的制作为例，为大家进行全流程讲解，帮助大家又好又快地制作出电商带货短视频。

实例 97　生成电商带货短视频的文案素材

在准备文案素材时，我们可以让 ChatGPT 给出相关的回复，具体如下。

步骤 01　在 ChatGPT 聊天窗口的输入框中输入提示词，单击输入框右侧的发送按钮，ChatGPT 即可根据要求生成相应的文案，具体如下。

您

请为我生成一篇 150 字左右的电商带货文案，要求：重点介绍几种要销售的商品

ChatGPT

亲爱的小伙伴们！今天我给大家介绍几款超级实用的电商好物！首先，我们有创意可爱的迷你 USB 小风扇，清凉一夏，随时随地为你送来清风。接着，来看看这款智能保温杯，装上一杯热茶，暖心又暖胃，让你工作生活更加便利。最后，别错过这款时尚耳机，高音质，舒适佩戴，让你享受无尽音乐乐趣。

步骤 02　继续输入提示词，单击输入框右侧的发送按钮，获得相应的文案，具体如下。

您

请对上文中迷你 USB 小风扇的外观进行描述

ChatGPT

这款迷你 USB 小风扇外观精致可爱，造型小巧玲珑。它采用了时尚的设计，外壳以清新的颜色呈现，或许是清透的蓝色或清新的绿色，给人一种清凉的感觉。风扇扇叶设计灵动，可能是柔软的硅胶材质制成，触感舒适，不伤手。整体造型简洁，携带方便，可以随时随地放在桌面上或者挂在包包上，给你带来清爽的微风，解暑又时尚。

实例 98　生成电商带货短视频的图片素材

效果展示　用户可以结合 ChatGPT 生成的文案，在 AI 绘画工具中输入提示词，生成电商带货短视频的图片素材，效果如图 12-1 所示。

下面就以 Midjourney 为例，介绍图片素材的生成方法。

图 12-1　使用 AI 绘画工具生成的图片素材效果

步骤 01 复制 ChatGPT 生成的文案内容，将其粘贴至百度翻译中并略作调整，翻译成英文提示词，单击下方的 按钮，如图 12-2 所示，复制英文提示词。

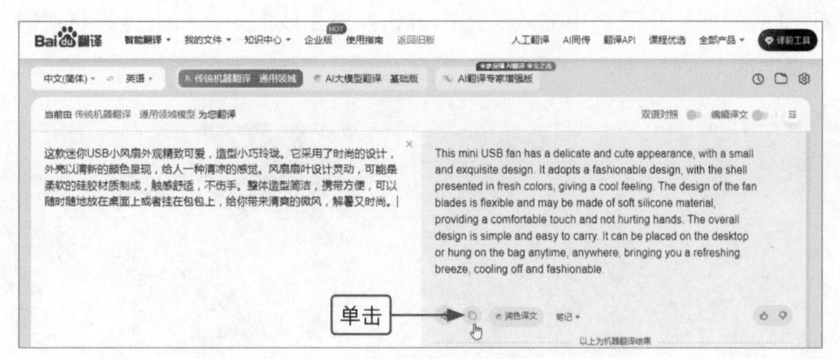

图 12-2　单击 按钮

步骤 02 在 Midjourney 界面下方的输入框内输入"/"，选择"imagine"指令，在输入框中粘贴刚刚复制的英文提示词，添加相关的参数，如"4K --ar 16:9"，如图 12-3 所示。

图 12-3　粘贴复制的英文提示词并添加相关的参数

步骤 03 按【Enter】键发送，即可根据提示词生成 4 张图片，选择相对满意的图片，单击对应的 U 按钮，如单击"U4"按钮，如图 12-4 所示。

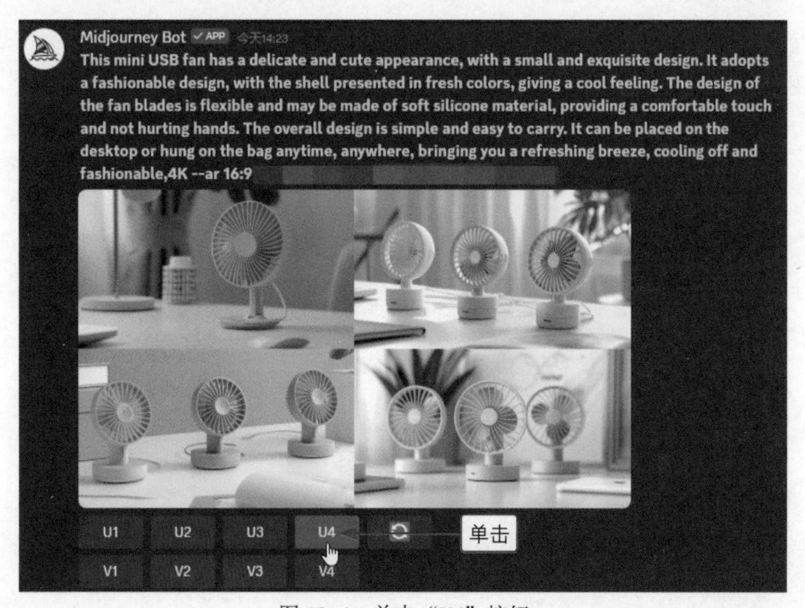

图 12-4　单击"U4"按钮

步骤 04 执行操作后，Midjourney 将在第 4 张图片的基础上进行更加精细的刻画，并放大图片，具体效果请见图 12-1。

步骤 05 使用同样的方法，在 Midjourney 中生成其他的图片素材，即可完成图片素材的准备。

实例 99　生成电商带货短视频的视频素材

效果展示 在 AI 短视频制作工具中输入文案内容，并对生成的短视频进行素材替换，即可快速完成短视频的制作，效果如图 12-5 所示。

图 12-5　使用 AI 短视频制作工具生成的电商带货短视频效果

下面就以腾讯智影为例，介绍电商带货短视频的生成方法。

步骤 01 单击腾讯智影“创作空间”界面中的“文章转视频”按钮，进入“文章转视频”界面，输入 ChatGPT 生成的文案内容，设置短视频的生成信息，单击“生成视频”按钮，如图 12-6 所示。

图 12-6　单击“生成视频”按钮

步骤 02 稍等片刻，即可进入短视频编辑界面，查看生成的短视频雏形。为了便于替换素材，用户需要先将短视频分割开。将时间轴拖曳至需要分割短视频的位置，单击“分割”按钮，如图 12-7 所示，即可将短视频分割开。

图 12-7　单击“分割”按钮

步骤 03 使用同样的方法，将短视频的其他部分都分割开，效果如图 12-8 所示。

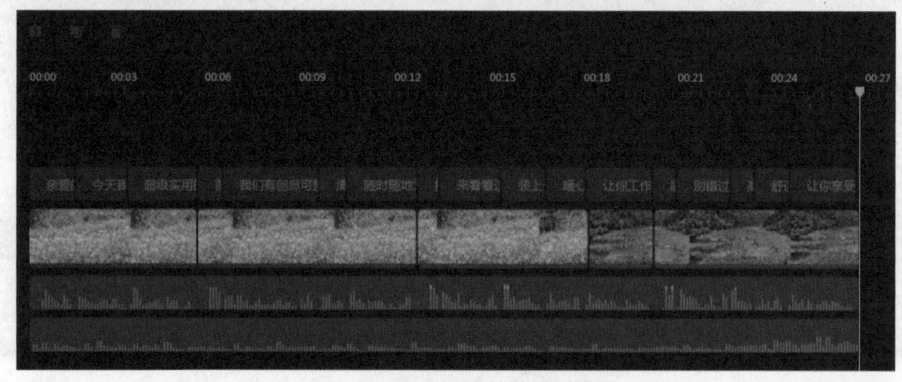

图 12-8　将短视频分割开的效果

步骤 04 进入短视频编辑界面，单击“当前使用”选项卡中的“本地上传”按钮，在弹出的“打开”对话框中选择要上传的所有图片素材，单击“打开”按钮，将图片素材上传至“当前使用”选项卡中，如图 12-9 所示。

图 12-9　将图片素材上传至“当前使用”选项卡中

步骤 05 在视频轨道的第一段素材上单击“替换素材”按钮，如图 12-10 所示。

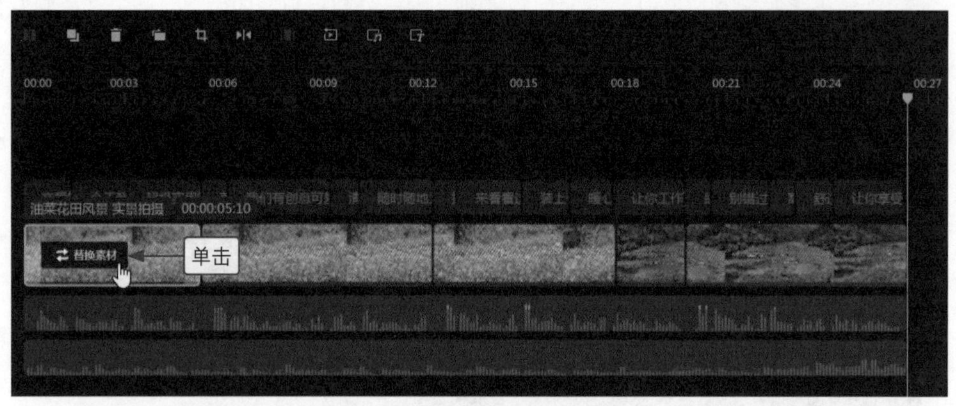

图 12-10 单击“替换素材”按钮

步骤 06 弹出“替换素材”对话框，在“我的资源”选项卡中选择要替换的素材，预览素材的替换效果，单击“替换”按钮，即可完成素材的替换，如图 12-11 所示。

图 12-11 完成素材的替换

步骤 07 使用同样的方法，将素材按顺序进行替换，效果如图 12-12 所示，即可完成短视频的制作。

图 12-12 将素材按顺序进行替换的效果

步骤 08 单击短视频编辑界面上方的“合成”按钮，合成制作的短视频，并保存至电脑中的合适位置。

实例 100　对电商带货短视频进行剪辑处理

效果展示 初步生成电商带货短视频之后，用户可以进行一些简单的剪辑处理，提升短视频的整体质感，效果如图 12-13 所示。

图 12-13　对短视频进行剪辑处理的效果

下面就以剪映电脑版为例，介绍电商带货短视频的剪辑处理方法。

步骤 01 将短视频素材添加至剪映电脑版的媒体库中，单击短视频素材右下角的“添加到轨道”按钮，如图 12-14 所示，即可将短视频素材添加到视频轨道中。

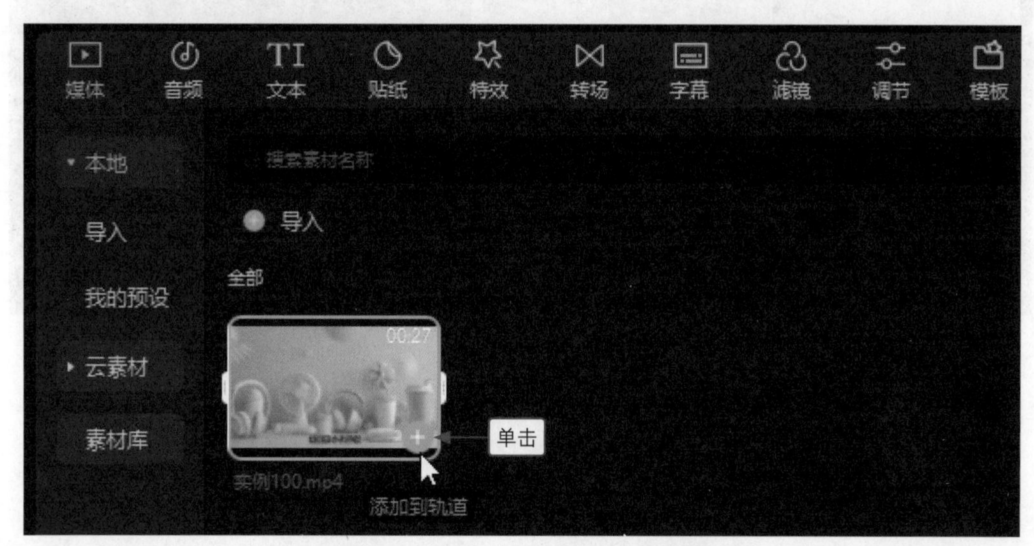

图 12-14　单击“添加到轨道”按钮

步骤 02 选择短视频素材，单击“调节”按钮，进入“调节”操作区，选中“智能调色”复选框，如图 12-15 所示，即可对短视频进行智能调色。

图 12–15　选中“智能调色”复选框

步骤 03　单击“音频”按钮，进入“音频”操作区，选中“人声分离”复选框，单击“仅保留背景声”右侧的按钮，在弹出的列表中选择“仅保留人声”选项，如图 12–16 所示，把音频中的背景声删除，即可完成电商带货短视频的剪辑处理。

图 12–16　选择“仅保留人声”选项